Giesel Verlag für Publizität GmbH

Faszination Baumaschinen – Modelle: Große Welt im Kleinen

Heinz-Herbert Cohrs
Francis Pierre

Giesel Verlag für Publizität GmbH

Die Deutsche Bibliothek – CIP-Einheitsaufnahme

Heinz-Herbert Cohrs, Francis Pierre
Faszination Baumaschinen – Modelle: Große Welt im Kleinen
Isernhagen, Giesel Verlag für Publizität GmbH, 1999
ISBN 3-9802942-9-3

Projektteam:
Jutta Illhardt (Leitung)
Volker Müller (Redaktion)

Layout:
Metrik GmbH, Hannover

Lithos und Druck:
Th. Schäfer Druckerei GmbH, Hannover

Vorwort

Was erwartet ein Baumaschinenliebhaber von einem Buch über Baumaschinenmodelle? Eine Bestandsaufnahme der verfügbaren Modelle? Hersteller- und Händlernachweise? Listen- und Liebhaberpreise? Tauschadressen? Ratschläge für den Aufbau einer Sammlung? Angebote für Regale und Vitrinen? Selbstbauanleitungen? – Mit derartigen Angaben hätten die Autoren Heinz-Herbert Cohrs und Francis Pierre die Kontinuität der Buchreihe Faszination Baumaschinen verlassen, und gerade das war nicht ihre Absicht, konnte es auch nicht sein. Cohrs und Pierre bieten viel mehr als eine Bestandsaufnahme. Sie lenken den Blick zurück auf die Ursprünge der Modellgeschichte und breiten vor dem Leser Abschnitte einer langen Entwicklung aus.

Schon bald nach dem Erlernen des aufrechten Gangs hat der Mensch (Homo erectus) nicht nur die Fähigkeit gewonnen, Werkzeuge und technische Hilfsmittel herzustellen (Homo faber), sondern auch das Bedürfnis entfaltet, seine Gebrauchsgegenstände als Modelle nachzubilden. Dabei war er zugleich spielerisch und schöpferisch tätig (Homo ludens), denn seine Nachbildungen dienten ihm oft auch als Grundlage für Neu- und Weiterentwicklungen. Der vernunftbegabte Mensch (Homo sapiens) setzt diese Vorgehensweise noch heute mit dem Bau von Funktionsmodellen fort, die er Prototypen nennt. Weil er gehalten ist, sich ausschließlich von wirtschaftlichen Zweckmäßigkeitserwägungen leiten zu lassen (Homo oeconomicus), hat er den Computer entdeckt, mit dem er 3-D-Modelle entwirft und erprobt.

Für den gewöhnlichen Modellsammler (Homo modellus colligens vulgaris) begann das Baumaschinenmodellzeitalter in den 60er Jahren des 20. Jahrhunderts, als die Zahl der Baumaschinenhersteller rasch zunahm, die ihre Produkte im Maßstab 1:50 als Werbemodelle verteilten. Die Gemeinde der Liebhaber schwoll so lawinenartig an, daß aus der anfangs noch leichten Beute eines Messerundgangs bald schwer erkämpfte Trophäen wurden. Längst gehören Modelle zu den begehrten Fanartikeln der Baumaschinenhersteller, die auf Messen nicht mehr verteilt, sondern mit großem Erfolg verkauft werden.

An der Schwelle zum 21. Jahrhundert hat eine neue Epoche begonnen. Die Miniaturisierung der Hydraulik und der Elektronik ermöglicht den Bau von Funktionsmodellen, die nicht nur fahren, sondern auch ihre vielfältigen Arbeitsfunktionen fern- oder programmgesteuert ausführen können.

Den Schritt vom stummen Zeugen der Baumaschinenentwicklung im Sammlerregal zur einsatzfähigen Baumaschine auf einer Modellbaustelle werden viele Sammler aus Platz- und Kostengründen allerdings nicht mitgehen können. Um so erfreuter werden sie die Entscheidung begrüßen, daß noch im Jahre 1999 mit der Einrichtung eines Baumaschinenmuseums begonnen wird. Standort wird der Museumspark Baustoffindustrie Rüdersdorf vor den Toren Berlins sein. Dort stehen in einem Kalksteinbruch nicht nur ausgedehnte Flächen für die Aufstellung und Vorführung zahlreicher originalgetreu aufgearbeiteter Baumaschinen-Oldtimer zur Verfügung. Die Freiluftausstellung wird zugleich auch mit einer umfangreichen Modellsammlung ergänzt. Für Baumaschinenliebhaber wird hier eine Wallfahrtstätte mit großer Anziehungskraft entstehen.

Cohrs und Pierre machen dem Homo ludens, dem verspielten Menschen, Appetit auf diesen Besuch. Mit den 600 Bildern ihres Buches bieten sie einen beeindruckenden Ausschnitt aus der Fülle der schätzungsweise 8.000 bis 12.000 bisher weltweit entstandenen Baumaschinenmodelle. Erstaunt stellt der Leser fest, welche Umstände zu einer ungewöhnlichen Vielzahl von Maßstäben geführt haben und wie faszinierend es ist, mehr von der großen Welt der kleinen Modelle zu erfahren.

Wolfgang Poppy — Berlin, März 1999

Inhaltsverzeichnis

Vorwort Prof. Dr.-Ing. Wolfgang Poppy

Einleitung – Große Welt im Kleinen 9
Der Maßstab, das Maß aller Dinge 10
Modelle vereinen Getrenntes 12
Sind Spielzeuge auch Modelle? 13
Mit Modellen zeigen, wie's gemacht wird 16
Modelle schreiben Geschichte 18
Modelle als Spiegel der Industrie 20

1. Miniaturen faszinieren Jung und Alt 22
Modelle sind kleine Wirklichkeit 23
Hilfsmittel einer komplizierteren Welt 23
Kinder mögen Miniaturen 25
Historische Modelle aus der Neuzeit 27

2. Spielzeug bereitet den Weg 30
Eisenbahnen – Fortschritt für die Kleinen 31
Metallbaukästen erobern Kinderherzen 32
Gußeisen für solide Maschinen 33
Stahl widersteht allen Anstürmen 34
Rückblicke aus moderneren Tagen 36

3. Urahnen der Werbemodelle 40
Amerikaner setzen auf guten Guß 41
Europas Kinder spielen mit Autos 42
Stahl für starke Kinder 46
Lehr- und technische Modelle 48
Neue Modelle aus alter Zeit 49

4. Damals wunderbares Spielzeug – heute historische Modelle 54
Große Werbung für große Maschinen 54
Winzig – Werbemodelle oder Spielzeug? 59
Handliche Baumaschinen zum Spielen 63
Fast echte Baumaschinen für die Kinder Europas 65
Die Europäer entdecken die Werbewirkung 69
Lehr- und Ausstellungsmodelle 71
Neue Modelle halten die 50er Jahre fest 75

5. In allen Größen von allem etwas 80
Amerikanische Riesen werden kleiner 80
Spielzeug amerikanischer Massenproduktion 83
Echte Vorbilder oder nicht? 85
Wunderschönes Spielzeug aus Plastik 90
Maschinenflotten aus Zinkdruckguß 95
Viele Maßstäbe für europäische Werbemodelle 102
Der Maßstab 1:50 und Nürnberg 107
Modelle veranschaulichen das Neue 109
Blick aus den 90ern auf die 60er Jahre 113

6. Der Maßstab 1:50 setzt sich durch 118

Japanische Minimodelle überfluten die Welt 119
Schönes Spielzeug in schönen Maßstäben 126
1:50er-Werbemodelle rund um den Globus 134
Große und kleine Werbemodelle 145
Aus Bausätzen entstehen tolle Modelle 155
Solide und aus (fast) einem Stück 158
Die Industrie baut auf Modelle 160
Modelle aus der Bastelkiste 164
Historische Modelle der 70er Jahre 168

7. Vom Werbemodell zur Sammlerleidenschaft 172

Nur noch wenige Baumaschinen zum Spielen 174
Platzsparende Baumaschinen 179
Höchste Qualität im Maßstab 1:87 182
Werbemodellfluten für große Regale 186
Je kleiner die Maschinen, desto größer die Maßstäbe 194
Glänzende Sammlermodelle 200
Industrie- und Ausstellungsmodelle 203
Baumaschinenmodellbau wird zum Hobby 208

8. Baumaschinen erobern Sammlerherzen 213

Klein, kleiner, am kleinsten 213
H0 für allerbeste Museumsqualität 217
Weißmetall: buntes Maßstabsgemisch 220
Wenn Baumaschinenmodell, dann 1:50 223
Große Modelle für Kinder und Kunden 235
Die exklusivsten Modelle sind handgefertigt 239
Geisterhände bewegen Baumaschinen 241
Modelle sind schneller 247
Baumaschinen-Oldtimer lassen Sammlerherzen höher schlagen 248
Spielerisch in die Zukunft 254

Danksagung 260
Namens- und Hersteller-Register 261
Quellen- und Literatur-Hinweis / Bildnachweis 264

Große Welt im Kleinen

Bild 1: Gemütlich im Freien sitzen und mit einem ferngesteuerten Modell spielen – auch dies ist „en miniature“ möglich: Vor dem Männchen im Maßstab 1:25 steht ein Bobcat der Größe 1:160 von GHQ Models als Zubehör für Eisenbahnen der Spur N.

Wohl dem, der noch spielen kann! – Die ersten Erfahrungen mit kleinen Baumaschinen werden die meisten von uns in der Sandkiste gesammelt haben. So mancher wird sich gerne an dieses unbeschwerte, aber phantasiegeladene und konzentrierte Wühlen, Brummen und „Arbeiten“ im Sand erinnern. Nirgends herrschte die leidige Ordnung, alles war im Wandel, und mit den kleinen Baumaschinen wurde die Welt nach den eigenen Vorstellungen modelliert.

Heute wurden die meisten unserer kleinen Baumaschinen von Sand und Erde getrennt und stehen brav und ordentlich aufgereiht in Vitrinen – aber sie faszinieren noch immer. Denn es gibt, wie wir wissen, unzählige Maßstabsmodelle von Baumaschinen aller Art. Fast jeder hat zumindest ein solches Modell im Büro oder daheim auf einem Regal stehen. Oft bleibt es nicht bei einem Modell: Bald gesellen sich weitere Miniaturmaschinen hinzu, und schon ist es gar nicht mehr weit bis zur kleinen Sammlung.

Fast alle Baumaschinenhersteller folgen diesem Denken und lassen daher in munterer Folge stets neue Modelle von aktuellen Baumaschinentypen fertigen. So greift die Leidenschaft um sich, denn die Bauwelt im Kleinen begeistert nicht nur Leute der Branche. Ursprünglich waren Sammlermodelle natürlich als Werbemittel gedacht, und diese Idee steht nach wie vor offiziell im Vordergrund.

Kleine Baumaschinen gibt es auch in anderer Gestalt: Ebenso können gut gemachte Spielzeuge und präzises Modellbahnzubehör die Bauwelt im Kleinen spiegeln (Bild 1). Und in den letzten Jahren wendete sich eine große Schar begeisterter Modellbauer mit Freude den Baumaschinen zu, so daß zahlreiche handgefertigte, oft ferngesteuerte Modelle entstanden. Inzwischen werden sogar weltweit von Kleinserien- und Spielzeugherstellern Baumaschinen-Oldtimer angeboten, sowohl als Fertigmodelle im bekannten Maßstab 1:50 als auch als Bausätze in Maßstäben von 1:48 bis 1:160.

Jeder sehe es den Autoren nach, wenn dieses oder jenes Modell in diesen Seiten nicht auftaucht. Bei der Auswahl der „nur“ 600 Bilder sollten jedoch möglichst viele Maschinenarten und zudem auch sämtliche Maßstäbe berücksichtigt werden. Wer also seine Favoriten vermissen wird, möge an die schier unendliche Vielfalt in der Welt der Kleinen denken!

Der Maßstab, das Maß aller Dinge

Welcher Sammler, welcher Freund kleiner Miniaturbaumaschinen kennt es nicht, das Wort „Maßstab“? – Am Maßstab der Modelle scheiden sich die Geister: Wer 1:50 mag, wundert sich, daß es Menschen gibt, die sich mit winzigen 1:87-Dioramen abmühen. Diese wiederum staunen, daß auch Modellbauer unhandlicher, zwischen 50 und 1.740 kg wiegender Baumaschinen der Größen 1:12 bis hin zu 1:3 ihre Freude haben (Bild 2). Bei Baumaschinenmodellen ist der Maßstab zunächst das Maß aller Dinge.

Bild 2: Mehr als mancher Minibagger – 1,74 t – wiegt der O&K-Bagger von Hans-Jürgen Wessels – im Maßstab 1:3,1, damit er gerade noch auf einen Pkw-Anhänger paßt. Der Löffel faßt 90 l, für den Antrieb der 150-bar-Hydraulik sorgt ein 14 PS starker Honda-Motor.

Doch dabei ist dieses Wort eigentlich falsch. Was wir als „Maßstab“ bezeichnen, beispielsweise 1:50, ist nur die Relation der Größenverhältnisse (Bild 3). Das Wort „Maßstab“ rührt vielmehr von den ausgemessenen Längen der Vorbilder und kleinen Nachbildungen her. Und nun wird auch verständlich, warum so viele Modell-„Maßstäbe“ so krumm sind: 1:12, 1:16, 1:24, 1:32, 1:48, 1:64, 1:76, 1:87, 1:120 – warum keine schöneren, geraden Zahlenrelationen? Weil die „Maßstäbe“ aus dem englischen 12er-Zahlensystem stammen!

So entspricht der „Maßstab“ 1:12 auf dem Lineal dem Verhältnis von 1 inch zu 1 foot, der 1:24 dem von 1/2 inch zu 1 foot und 1:48 natürlich 1/4 inch zu 1 foot. 1:48 ist ein uralter „Maßstab“ und stammt vom bereits beim traditionellen englischen Schiffsmodellbau oft verwendeten Verhältnis 1/4 inch zu 1 foot, was 1:48 entspricht und damit einer Verkleinerung um etwa das Fünfzigfache.

Daraus wurde dann 1:50, denn dies liegt dem Dezimalsystem angenehm näher. Deshalb fanden in Ländern, wo das Dezimalsystem verbreitet ist, 1:50-Modelle schneller Anklang als beispielsweise in Amerika, wo das 12er-System 1:48 weiterhin am Leben hält. 1.000 mm : 20 mm = 50 ist im metrischen System leichter zu rechnen!

Bild 3: Die zwölf Caterpillar-Muldenkipper sind, von links nach rechts, 25, 37, 43, 60, 50, 70, 87, 82, 98, 135, 145 und, der ganz winzige, nur 42 mm lang, 232mal kleiner als ihre Vorbilder.

Die Grundlagen gängiger „Maßstäbe“ sind sämtlich bei Modelleisenbahnen zu finden. Die häufigsten Spurweiten waren bis in die 30er Jahre 0 (1:45) und I (1:32). Um Modellbahnen platzsparender betreiben zu können, wurde der bislang verbreitete „Maßstab“ der Spurgröße 0 von

Bild 4: Sammlungen von Baumaschinenmodellen können auf der Fläche dieser Buchseite Platz finden: reichhaltiges Modellbahnzubehör der Spur N und allerlei Spielzeug der Maßstäbe 1:148 bis 1:170.

englischen Firmen in den frühen 20er Jahren einfach halbiert – auf Halbnull, woraus das Kürzel H0 (sprich „Ha-Null") resultiert. Zunächst wurde dies als Spur 00 auf 1:90 vereinfacht, aber 1953 nach Einführung der Normen Europäischer Modellbahnen präzise auf H0 = 1:87 festgelegt.

Weil das „dezimale" Deutschland und Österreich schon seit der Jahrhundertwende Heimat unzähliger, auf der ganzen Welt fahrender Modelleisenbahnen sind, wurden diese Baugrößen auf den international üblichen „Fuß" (foot) bezogen. Wir erhalten für die Baugrößen H0 und 0 die praktischen Meßlängen 3,5 und 7 mm. Was ergeben die „Maßstäbe" dieser Meßlängen in Relation zum englischen Fuß? 304,8 mm : 3,5 mm = 87,09 und 304,8 mm : 7 mm = 43,54. Hier haben wir also die bekannten – aber etwas ungenauen – „Maßstäbe" 1:87 und 1:43.

Von Modellbahnern stammen auch die „Größenrelationen" 1:220, 1:160, 1:120, 1:64, 1:32 und 1:22,5 (Bild 4). Der Einfachheit halber wollen wir es nicht so genau nehmen und bei der vertrauten Bezeichnung Maßstab bleiben. Denn Maßstäbe werden bei unserer Reise ins Reich der Miniaturen eine wichtige Rolle spielen: Immerhin reicht die Spanne der Baumaschinenmodell-Maßstäbe, die wir abbilden, von 1:3,1 bis zu 1:280.

Bild 5: Lange Schatten weisen auf das Ende einer historischen Grader-Vorführung hin – im Maßstab 1:87. Die Cat-Grader des Reigens stammen, beim „ältesten" links beginnend, von Woodland Scenic, Mercury, Minimac, Cox, Roco, Grip Zechin, Zylmex sowie CCM.

Verbreitet ist die Meinung, 1:87, also H0, sei Eisenbahnzubehör und Spielzeug, und Baumaschinen könnten nur im Werbemodellmaßstab 1:50 vernünftig gesammelt werden. Dabei wird übersehen, daß 1:87 bei Baumaschinen zwar eine ganz andere, aber mindestens ebenso wichtige Rolle wie der gängige Sammlermaßstab 1:50 einnimmt (Bild 5). Aufgrund der vielen Umbauten, Eigenbauten und Dioramen ist 1:87 vielleicht sogar ein sehr viel „lebendigerer" Maßstab als das vergleichsweise „tote" Nur-Sammeln und In-Regale-Stellen wie bei 1:50 (Bild 6).

Bild 6: Auch 1:87 bietet phantastische Möglichkeiten: Ein P&H-Seilbagger von Conrad wurde von Walter Altmannshofer lupengetreu verfeinert und sogar mit rötlichem Erzstaub versehen.

Bild 7: Beide Raupenschlepper – eine Cat Ten (links) und eine Cat Seventy, Vorläufer der D8 – sind, auch wenn es nicht so scheint, im gleichen Maßstab 1:25 von Classic Construction Models (CCM).

Dann gibt es auch noch die „großen" Maßstäbe 1:35 bis hin zu 1:12, die gerade bei Baumaschinen ob der wuchtigen Größe der Modelle zwar beeindruckend, doch auch unbequem sind und viel, viel Regalraum beanspruchen. Trostreich ist, daß die Modelle in diesen Maßstäben über einen bewundernswerten Detailreichtum verfügen können (Bild 7).

Modelle vereinen Getrenntes

Baumaschinen sind groß und sperrig, und anders als beispielsweise bei Pkw, Rennwagen, Motorrädern oder Traktoren wurde ihre Geschichte nie sorgfältig dokumentiert. Oldtimer-Treffen für Baumaschinen sind, von wenigen Ausnahmen in Schweden und den Vereinigten Staaten abgesehen, wegen der Größe, Transportprobleme und nur weniger historischer Exemplare kaum möglich.

Bild 8: Spielzeugautos in Maßstäben von 1:119 bis 1:153 schreiben Muldenkippergeschichte. Die Palette reicht vom Euclid-Kipper der 50er Jahre bis zum Terex Titan 33-19 von 1974 für 318 t Nutzlast, dem größten Muldenkipper der Welt.

Spielzeuge und Modelle bieten die Chance, Baumaschinen aller Art vergleichend nebeneinander zu stellen (Bild 8). Besonders interessant wird dies bei Maschinen, die nicht mehr existieren, in nur wenigen Exemplaren gebaut wurden und niemals an einem Ort zu vereinen wären. Viele Möglichkeiten bieten sich hier dem versierten Modellbauer, der zu diesem Zweck vorhandene Spielzeuge oder Modelle umbaut (Bild 9).

Modelle eignen sich auch vorzüglich dazu, technische Fortschritte zu veranschaulichen, indem Vergangenes neben

Bild 9: Imaginäres Euclid-Museum, basierend auf einem 1:146-Euclid von Matchbox (rechts vorn) mit Eigenbauten des berühmten Western-Sattelzuges von 1959 für 165 t Nutzlast und eines 87 t ladenden Seitenkipper-Sattelzuges der Reserve Mining Co.

Aktuelles gestellt wird. Wichtig sind dazu möglichst gleiche, also zueinander passende Maßstäbe (Bild 10). Einigermaßen ausreichende Vielfalt bieten hierfür nur die Maßstäbe 1:25, 1:43 bis 1:50 sowie 1:87, also H0.

Heute nicht mehr so oft, in den 50er, 60er und 70er Jahren umso häufiger, versuchten sich allerlei Hersteller an

Bild 10: Fast 90 Jahre liegen zwischen dem Raupenschlepper Holt 75 von 1908 mit 75 PS und einem seiner späten Nachfahren, dem Kettendozer Cat D11N mit 780 PS (H0-Bausätze von D&K und Rio Grande Models).

Bild 11: In den 70ern entwickelte Marion das SuperFront-Konzept für Seilbagger und erwarb die Rechte an den 240-t-Muldenkippern von VCON (siehe Bilder 407 und 412). Der VCON-Eigenbau von Urs Peyer und der Bagger von ATM in 1:50 lassen die beiden Maschinen erstmals zusammenkommen.

Bild 13: Spiel oder Werbung? Junggebliebene jeden Alters konnten auf der Intermat 1997 bei einem Fahrerwettbewerb mit einem funkferngesteuerten Bobcat 753 von Echo Toys ihre Geschicklichkeit beweisen.

neuen Maschinenkonzepten, von denen nur wenige Prototypen gebaut wurden. Die Spuren dieser Prototypen sind inzwischen meist verweht; es bleiben Beschreibungen, Zeichnungen, Fotos, Filme – und Modelle. Mit Eigenbauten und Kleinserienmodellen wird das Unmögliche ermöglicht, weil rare Prototypen wieder dreidimensional begutachtet und mit anderen Maschinen verglichen werden können (Bild 11).

Sind Spielzeuge auch Modelle?

Einige emsige Sammler, besonders der detailgetreuen Baumaschinenmodelle im Maßstab 1:50, distanzieren sich von „Spielzeugen" – ihre Sammlung sei schließlich etwas Ernstes und kein „Spielkram" (Bild 12). Auf unserer Reise in die Welt der kleinen Baumaschinen werden wir jedoch sehen, daß es mancherlei Spielzeug gab, neben dem viele 1:50-Modelle vor Neid erblassen würden, vornehmlich die der ersten Stunden aus den 60er und frühen 70er Jahren.

Schon 1935 verwendete die englische Firma Meccano in ihrem Katalog für die neuen Dinky-Toys-Spielzeugautos die Phrase „A charming collecting hobby". Schämen wir uns also nicht, in unseren Reigen von Baumaschinenminiaturen mit gutem Gewissen auch Spielzeug aufzunehmen (Bild 13). Wichtig soll uns aber sein, nur diejenigen Spielzeuge zu

Bild 12: Anfang der 50er Jahre einfach Spielzeug, heute Sammlerstücke und „Modelle": Funktionsfähiger Hough PayLoader Modell 12 und Michigan-Autobagger T-24 von Nylint aus solidem Stahl in den Maßstäben 1:12 und 1:16.

Bild 16: Aus Kunststoffplatten und Raupenketten aus Kupferblech baute Walter Altmannshofer diesen Menck M 60 im Maßstab 1:87 – für ruppige Kinderhände mit Sicherheit nicht geeignet!

beachten, die auch echte Baumaschinenvorbilder haben – sonst wären es ja keine Modelle.

Spielzeuge, die schöne Modelle darstellen, können aufgrund sonderbarer Entwicklungsschritte sogar zu unattraktiven „Dingen“ mutieren, die mit echten Vorbildern nichts mehr gemeinsam haben

Bild 14: Der schöne Hatra-Schwenklader links im Maßstab 1:61 von Matchbox mutierte über Nachbauten von Politoys, Fun Ho! und Guisval bis zum rechten Phantasiekipper, dem anstelle des Schwenk-Ladearmes eine Mulde aufgesetzt wurde …

(Bild 14). Nicht selten geht dies so weit, daß kleine Baumaschinen zwar den Anschein erwecken, große Vorbilder zu haben, jedoch nie, niemals den Anspruch erheben dürfen, ein Modell einer echten Baumaschine darzustellen (Bild 15).

Bild 15: Eigentlich sehen sie ganz echt aus, der „Bagger-Lader“ und die Planierraupe. Doch müßte für jedes Ladespiel der Ausleger mit dem Lader-Vorderwagen geschwenkt werden, und die Raupe ist eine dubiose Symbiose einer Cat D10 mit Komatsu-Laufwerk – also schierer Unsinn!

Jenseits der Trennung zwischen Spielzeug und Modell sind Eigenbauten angesiedelt. Je nach Vorliebe und Zweck des Eigenbaues wird das eine oder das andere vorherrschen, wobei die kleinen Maßstäbe meist mehr für Modelle, die großen für Modelle und möglicherweise auch für Spielzeug dienen (Bilder 16, 17 und 18).

Bild 17: Fünf Jahre baute Uwe Püttmann am 52 kg schweren Cat-Radlader 992C im Maßstab 1:12; dank Funkfernsteuerung, Elektroantrieb und Hydraulik eigener Konstruktion nicht nur Modell, sondern auch wunderbares Spielzeug!

Auf der anderen Seite kann reines Spielzeug helfen, Modelle auf vergleichsweise einfache Art zu bauen oder große Maschinen, von denen es keine Miniaturausgaben gibt, nachzuempfinden. Bestens eignen sich dazu Lego-Steine (nein, niemand lacht!) oder Metallbau-

Bild 18: „Krane sind groß – das sollen auch meine Modelle zeigen“, meint Steve Taylor zu seinem Modell des 1.000-t-Krans Liebherr LTM 11000D, mit bis zu 8 m Hakenhöhe das größte Modell seiner Art weltweit.

Bild 19: Europas größter Schreitbagger, ein 4.006 t wiegender P&H 757, mit 94 m langem Ausleger im britischen Kohletagebau eingesetzt, wurde kurz nach der Inbetriebnahme vom damals achtjährigen Peter Thomas Grimshaw aus Legosteinen nachgebaut.

Bild 20: Im Maßstab 1:14 stellte Jean-Pierre Vexet, Mitglied des französischen Meccano-Clubs, ein beachtliches Modell des 190-t-Muldenkippers Cat 789B auf die Räder.

kästen, denn warum sollten damit nur kleine Phantasiegebilde kreiert werden (Bilder 19, 20)?

Vorteilhaft ist außerdem, daß solche Modelle, falls sie irgendwann niemanden mehr erfreuen sollten, schnell wieder zu demontieren und in andere Wunderwerke zu verwandeln sind. Sogar Pappe und verstärktes Papier sind zweckmäßig,

Bild 21: Ein Meilenstein war der 12.300 t schwere, 148 m lange und 68 m hohe Schreitbagger „Big Muskie", hier im Maßstab 1:220 als 67 cm langes, schlichtes Pappmodell gestaltet – mit Figuren und Autos der Modellbahnspur Z als passende Größenvergleiche.

um auf die Schnelle – gewissermaßen nur zur Veranschaulichung des Aussehens und der Größe – bestimmte Maschinen zu formen (Bild 21).

Bild 22: Im Maßstab 1:40 ist der Potain-Turmdrehkran dieses Baustellenmodells des Deutschen Museums immerhin noch 7 m hoch – beeindruckender läßt sich faszinierende Bautechnik kaum darstellen!

Und schließlich, wer wüßte es nicht, eignen sich Modelle vorzüglich dazu, bei Ausstellungen und Messen und in Museen bestimmte Verfahren, Methoden, Geräte und Maschinen zu veranschaulichen. So wurde zur Dauerausstellung „Brückenbau" im Deutschen Museum ein Pfeiler der 1995 fertiggestellten französischen Brücke zwischen Le Havre und Honfleur errichtet, an dem ein annähernd 7 m hoher Potain-Obendreherkran steht (Bild 22). Im Original war dieser Kran 220 m hoch.

Während Spielzeuge meist in Kinderzimmern oder Sandkisten und Sammlermodelle in Regalen und Vitrinen beheimatet sind, kann die Liebe zu bestimmten Baumaschinen, mit denen vielleicht viele persönliche Erinnerungen verbunden sind, so weit reichen, daß man ständig ihre Gegenwart fühlen möchte – dann dürfen Modelle als wahre Schmuckstücke bis ins Wohnzimmer vorrücken (Bild 23).

Bild 23: Vor dem Kamin im Wohnzimmer hat dieses herrliche Modell eines Bucyrus-Erie 150-B einen Ehrenplatz erhalten und kann so von vielen Besuchern Bewunderung ernten.

Bild 24: Spielzeug oder Modell? Mehr Aufmerksamkeit als mancher Baumaschinen-Oldie erntete auf dem Jahrestreffen der amerikanischen Historical Construction Equipment Association ein Kies- und Siebwerk im Maßstab 1:16, dessen Förderbänder mit Kurbeln von begeisterten Jungs bedient wurden.

Wie schwer der winzig kleine Unterschied zwischen Modell und Spielzeug manchmal zu finden ist, läßt sich vielleicht nur anhand eines Bildes zeigen (Bild 24). Ob es überhaupt wichtig ist, diesen Unterschied zu finden, sollte jeder, der sich mit kleinen Nachbildungen von Baumaschinen befaßt, selbst entscheiden.

Mit Modellen zeigen, wie's gemacht wird

Mit Modellen lassen sich – Museen wissen dies seit langem – interessante Industrieprozesse bestens darstellen. Im Baubereich dienen Modelle meist dazu, Dioramen zu bestimmten Bauabläufen und -methoden zu verschönern (Bild 25). Der heutige Modellmarkt, besonders der Maßstäbe 1:50 und 1:87, bietet die Möglichkeit, praktisch jede Art von Baustelle bis ins letzte Detail nachzubilden, auch wenn hier und da Um-

Bild 25: Im Maßstab 1:50 demonstrierte O&K, wie mit einem kompakten Schaufelradbagger, einer raupenmobilen Sieb- und Förderanlage und Muldenkippern – hier von Volvo BM – Kanalbau zügig voranzutreiben ist.

Bild 26: Perfekt in H0 gestaltete Markus Fieke U-Bahn-Bau: Gründungsarbeiten für Ortbetonpfähle mit dem Großdrehbohrgerät Bauer BG 26; hier wird mit dem Kran am Bohrmäkler ein Bewehrungskorb in die Bohrung gesenkt.

Bild 27: Die Baugrube für die U-Bahn ist ausgeschachtet; zwischen Bohrpfahlwand und Schienenbahn des Turmdrehkranes werden die ersten Bewehrungen eingehoben.

und Eigenbauten erforderlich sind. Das kann so weit gehen, daß sogar zahlreiche verschiedene Bauphasen modellmäßig erfaßt und dokumentiert werden und anschließend wegen der nachfolgenden Bauphase auch wieder verschwinden (Bilder 26 bis 28).

Bild 28: Selbstgebaute 1:87-Schalungselemente von Doka in verschiedenen Breiten, ein Beton-Verteilermast und der Schnellmontagekran zeigen emsiges Baustellenleben.

Andererseits können Miniaturausgaben großer Maschinen in eine annähernd echte Szenerie eingebracht werden, um unter möglichst realen Bedingungen die korrekte Bedienung zu erlernen. Bedienfehler wirken sich bei den Modellen nicht so gravierend aus wie bei den großen Vorbildern, außerdem müssen teure Großmaschinen nicht für Lern- und Ausbildungsstunden zweckentfremdet werden und dann unproduktiv arbeiten.

Spektakulär ist in diesem Zusammenhang sicherlich die amerikanische „Dragline World" in Pennsylvania (Bild 29). Dort können zu Ausbildungszwecken auf 278 m² Fläche zwei ferngesteuerte Schreitbagger und ein Hochlöffel-Seilbagger in 525 t (!) Erde und Gestein wühlen. Sie werden im Sitzen von Steuerpulten aus bedient, die mit denen der Vorbilder identisch sind. Wie bedeutend diese Mini-Tagebauwelt ist, unterstrich der Verschleißteilhersteller Esco Corp., indem am 2 t wiegenden Modell des Schreitbaggers Marion 8750 eine neue Schürfkübelkonstruktion durchgetestet wurde.

Haben Baumaschinen etwas Neues, Unübliches, bisher nicht Bekanntes, und sind sie zudem noch so groß und sperrig, daß sich diese Vorzüge nicht an der realen Maschine demonstrieren lassen, sagt ein Modell mehr als tausend Worte. Dies nutzen die meisten Hersteller und lassen für bestimmte Anlässe, oft sind dies Messen, Industriemodelle fertigen (Bild 30).

Bild 29: Im Maßstab 1:24 baute Jim Brennan für seine „Dragline World" ferngesteuerte Tagebaumaschinen wie diesen 680 kg schweren Schreitbagger Marion 8050 mit 4,13 m langem Ausleger.

Bild 30: Der 1978 neue, kompakte Schreitbagger 380-W von Bucyrus-Erie ließ sich für den bequemen Transport in straßentaugliche Komponenten zerlegen – ein zerlegbares Modell veranschaulichte dies im Detail.

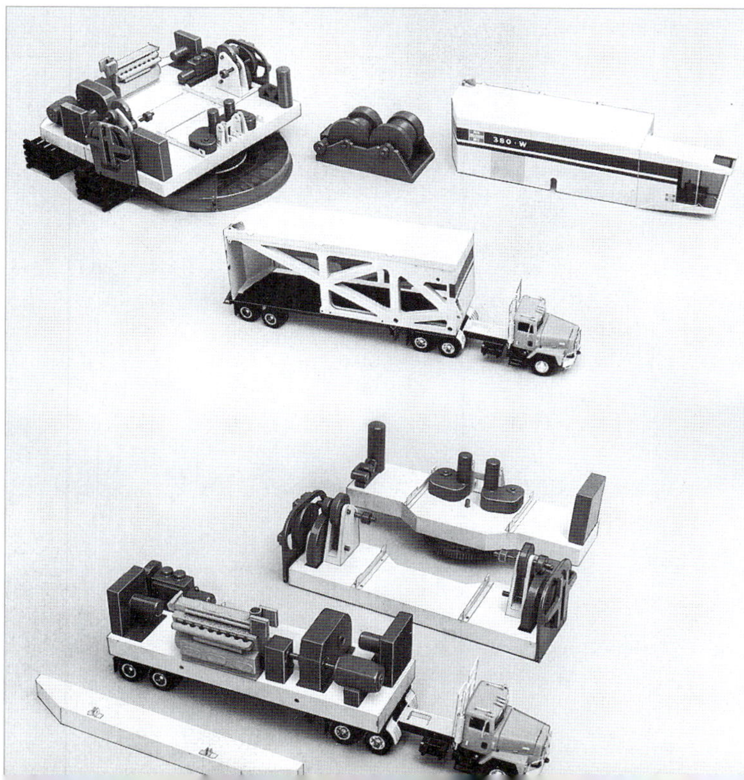

Bild 31: Um die Vorteile der Hochlöffel-Schnittwinkelverstellung beim Abraumbaggern über zwei verschiedenen Kohleflözen zu zeigen, ließ Marion ein Funktionsmodell einer „Stripping Shovel" fertigen.

Ebenso sind die „handlichen" Vorteile von Modellen nützlich, wenn es darum geht, Fachleuten neue Arbeitsweisen zu demonstrieren. Oft ist dies wesentlich anschaulicher als an einer echten, großen Maschine, deren Arbeitsweise unübersichtlich, weil nicht klar überschaubar, und zudem unter häufig wechselnden Bedingungen nicht so klar einzufangen ist wie im Modell (Bild 31). Hierzu verwenden sowohl Maschinenhersteller als auch große Baufirmen Maßstabsmodelle oder Spielzeug aus der Serienfertigung oder eigens gebaute Handmodelle.

Bild 32: Den Eisenbahnbau der Ludwigs-Süd-Nord-Bahn von Lindau nach Hof um 1845 gestaltete Walter Altmannshofer mit Meisterhand im Maßstab 1:87, also Bahnspurweite H0, nach Aquarellen von Karl Herrle.

Modelle schreiben Geschichte

Wie war es früher? Texte, Bilder, Filme, Erzähltes helfen, für neue Generationen längst Vergessenes festzuhalten und den Erfahrungsschatz der Vergangenheit weiterzugeben – so jedenfalls sollte es sein. Ein Modell, besser ein geeignetes Diorama, kann mehr: „Auf einen Blick" erzählt es eine ganze Geschichte, sagt mehr als viele Worte, ist nicht so hektisch wie ein Film und lädt das Auge zum Verweilen ein (Bilder 32, 33).

Bild 33: Wie mühsam die Montage eines Dampfbaggers in den 20er Jahren war, zeigt das H0-Diorama mit Bockkran, Raupenbagger Menck Modell III, vielen Holzkisten und den Schienen für die Anlieferung per Bahn.

Mehr technisch Interessierte haben mit Modellen ein „handfestes" Mittel, um die Evolution bestimmter Baumaschinengattungen Schritt für Schritt nachvollziehen und darstellen zu können. Besonders anschaulich wird dies bei Baumaschinen, die sich im Verlauf ihrer Entwicklungsgeschichte äußerlich stark verändert haben (Bild 34). Das müssen nicht unbedingt nur die Maschinen an sich sein, sondern kann auch bestimmte Konstruktionselemente einer Baumaschinengattung betreffen, beispielsweise die Formgebung der Kabine (Bild 35).

Bild 34: Der Grader im Wandel der Zeit – in 1:43 bis 1:50 – als Traktor-Anhänger, selbstfahrender Richier, dreiachsiger Cat 12F mit mechanischen Scharkontrollen und als Mitsubishi MG 400 mit Knicklenkung und Hydraulik, das einzige Serienmodell mit vorderer Radsturzverstellung.

Bild 35: Designwandlungen bei Kabinen von Kobelco-Baggern (links 1:52 von Ashiya, rechts 1:50 von Diapet) – Altes wird wieder modern, betrachten wir Unit-Kabinen der 50er Jahre bei Bild 240.

Daß mit schönen Modellen Baumaschinengeschichte geschrieben werden kann, wissen mehr und mehr Modellbauer und -sammler zu schätzen. Deshalb bringen Kleinserien-, Werbemodell- und Plastikbausatzhersteller eine inzwischen stetig zunehmende Zahl von Baumaschinen-Oldtimern auf den Markt, die auf ihre Weise die Entwicklungsgeschichte prägten (Bild 36). Eifrige Sammler sind durchaus bereit, für exklusive, meist auf 50 bis 1.000 Exemplare limitierte Oldtimer-Modelle Geldsummen auszugeben, die den Kosten für einen hübschen Gebrauchtwagen oder einen mehrwöchigen Familienurlaub gleichkommen …

Bild 36: Bucyrus-Erie 88-B, eine berühmte Baumaschine der 50er Jahre, als exklusives, aus mehr als 600 Messingteilen in Handarbeit gefertigtes Sammlermodell im Maßstab 1:48 von Classic Construction Models (CCM).

Modelle als Spiegel der Industrie

Bild 38: „Der neue halbautomatische Mehrrichtungsbagger Typ Polygreif 1.4-89 von Case Poclain rationalisiert den Erdbau durch vier gleichzeitig bedienbare Hydraulikausleger", lautete der Bildtext dieses Pressefotos – ein Aprilscherz von 1989!

Wer „maßstabübergreifend" denkt, dem eröffnen sich mit Spielzeug und Modellen erstaunliche Perspektiven, um die Produktion der Baumaschinenindustrie über Jahrzehnte verfolgen und präsentieren zu können. Interessant wird dies bei Fabrikaten – oft mit etwas Wehmut einhergehend –, die getreu und zuverlässig durch viele Baustellenjahre begleiteten und mit persönlichen Erinnerungen verbunden sind (Bild 37).

Bild 37: Spielzeug und Modelle im Maßstab von 1:16 bis 1:130 zeigen die Vielzahl der Baumaschinen, die über vier Jahrzehnte von der inzwischen schon legendären Firma Michigan produziert wurden.

Baumaschinenhersteller möchten mit ihren Modellen aber keineswegs nur Sammlerherzen höher schlagen lassen, sondern durchaus auch die Zukunft des Unternehmens sichern. Modelle sollen werben, Aufmerksamkeit erregen, auf Schreibtischen und Regalen den Markennamen dauerhaft repräsentieren. Dabei werden bisweilen auch außergewöhnliche Wege beschritten (Bild 38). Das Sammeln und Geschichteschreiben steht erst an letzter Stelle.

Vielen Baumaschinenherstellern reicht die Wirkung herkömmlicher Werbemodelle für besondere Anlässe nicht einmal, weshalb Modelle manchmal im außergewöhnlichen Rahmen präsentiert werden (Bild 39). Case verschickte an die Fachpresse vor der Präsentation einer neuen Radladerreihe zunächst nur ein Paket mit zwei Achsen, an denen vier Räder steckten. Außen stand: „Case hat wieder etwas völlig Neues auf die Beine gestellt." Innen über den Rädern war zu lesen: „Hier sind die einzigen vier Dinge, die Sie von seinem Vorgänger kennen." Und zwischen den beiden Achsen: „Bitte bereithalten. Wir kommen in Kürze darauf zurück."

Bild 39: Anläßlich des 40jährigen Jubiläums ließ Melroe Bobcat 1998 zwei Modelle im Maßstab 1:25 – einen neuen Typ 763 und den ersten Bobcat M200 (rechts) – in kleiner Auflage vergolden.

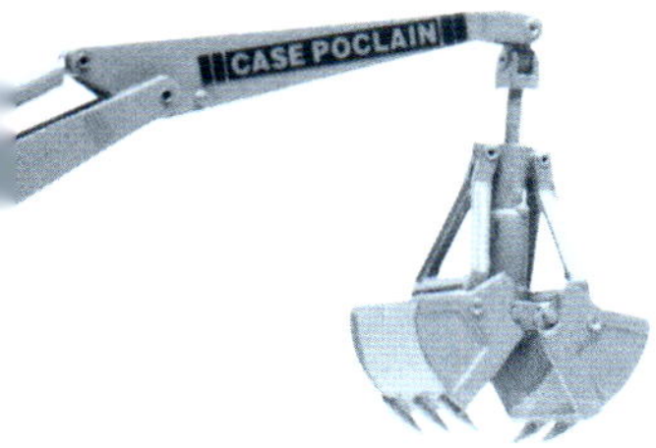

Bild 40: Räder und Achsen verschickte Case vorab getrennt vom Modell, um auf eine neue Radlader-baureihe aufmerksam zu machen – und gebührend mit einer Flasche Sekt zu feiern.

Und das tat Case auch, denn nur kurze Zeit später erhielt die Fachpresse eine zweite Schachtel – mit einem radlosen Radlader und einer Flasche Sekt (Bild 40). Außen stand: „Case liefert Ihnen diesen Anlaß zum Feiern“, und klein darunter: „Alles, was Sie jetzt brauchen, sind vier Räder und ein Glas. Prost!“

Bild 41: Für den amerikanischen Baumaschinenhändler W. I. Clark baute Ron Coens, basierend auf einem 1:32-Modell von Ros, einen mehrarmigen Bagger zur Demonstration der Ausrüstungs-vielfalt.

Mit Modellen bietet sich der Baumaschinenindustrie auch ein freies Gestaltungsmittel, um auf künstlerische Weise neue Methoden, interessante Konzepte und außergewöhnliche Maschinen zu visualisieren. Wieder beweist dies, daß ein Bild – und natürlich ein Modell – mehr sagen kann als viele, viele Worte (Bild 41).

Vielseitig setzt die Baumaschinenindustrie Modelle ein, keinesfalls nur für die eigentliche Werbung oder auf Messen, sondern auch im Rahmen von Feierlichkeiten und Jubiläen. Gerne wird zur Erinnerung an den festlichen Anlaß ein Modell überreicht, das zumeist speziell lackiert und exklusiv auf einer Holzplatte angeordnet ist oder auf andere Weise den besonderen Augenblick betont (Bild 42).

Bevor wir auf den nächsten Seiten unsere faszinierende Reise durch die große Welt der kleinen Modelle antreten werden, lassen wir den Bilderreigen der letzten Seiten nochmals an uns vorüberziehen und stellen ohne jeden Zweifel fest: Baumaschinen sind untrennbar mit Spielzeugen und Modellen verschweißt. Wer sich mit den großen Baumaschinen intensiv befaßt, muß ihre kleinen Nachbildungen miteinbeziehen. Das ist der Sinn dieses Buches.

Bild 42: Für den sozialen Wohnungsbau in Kairo stiftete Caterpillar den 50.000sten Baggerlader. Die ägyptischen Offiziellen des Sozialministeriums und der Bürgermeister von Kairos Süddistrikt erhielten zur Erinnerung Maßstabsmodelle.

Miniaturen faszinieren Jung und Alt

Wir beginnen bei den Anfängen unserer Kultur, und noch weiß natürlich niemand von Baumaschinen-Spielzeug oder gar -Modellen. Wir müssen sogar mit dem Ausdruck „Miniaturmodelle" vorsichtig sein: Das Wort „Miniatur" stammt vom lateinischen minium und bedeutet Zinnoberrot. Diese Bezeichnung wird einen recht eigenwilligen Weg gehen, bis es zur heutigen Bedeutung kommt. Um dem nachzuspüren, müssen wir ins Mittelalter blicken: In den Schreibstuben der Mönche ist ein Miniator ein Buchmaler, und miniare (von minium stammend) heißt „mit Zinnober malen".

Miniatura ist die von Mönchen geübte Technik, die Initialen kostbarer Handschriften zunächst in Zinnoberrot, später auch mit anderen Farben auszumalen. Irgendwann werden auch winzige Bildchen in diese Initialen hineingemalt. So entwickelt sich für Miniatur die Bedeutung „zierliche Kleinmalerei" – und für uns womöglich die freundliche Ableitung „zierliches Kleinmodell"!

„Wo finde ich denn Modelle?" – Wir sollten auch mit dieser Frage sorgsam umgehen, denn die Real-Encyklopädie für gebildete Stände klärt uns 1867 auf: „Modell: Vorbild oder Musterbild, nennt man in der Malerei diejenigen männlichen oder weiblichen Individuen, die nackt dem Künstler zum Gegenstande seines Studiums dienen; auch rechnet man dazu den zu gleichen Zwecken angewendeten Gliedermann... In der Baukunst dient das im verjüngten Maßstabe aus Holz, Kork, Papiermasse u.s.w. gefertigte architektonische Modell dazu, um das wechselseitige Verhältnis der einzelnen Theile gegeneinander besser prüfen und leichter übersehen zu können. Endlich bedürfen der Modelle ganz besonders die Mechaniker und Maschinisten für neue Erfindungen." – Na bitte! Begeben wir uns also auf eine Forschungsreise, um solche (Baumaschinen-?) Modelle im Staub der Geschichte zu entdecken.

Bild 43: Baugeschehen vor rund 4.000 Jahren, im Modell festgehalten: Aus Kalkstein und Holz schufen die Ägypter diese Steinmetze, die munter einen mächtigen Quader bearbeiten.

Modelle sind kleine Wirklichkeit

Niemand sollte sich schämen, von kleinen Modellen fasziniert zu sein. Die Nachbildung der großen Welt in maßstabsgetreuen Miniaturen hat ältere Tradition als meist vermutet. Schon vor mehr als 4.000 Jahren fertigen die alten Ägypter unzählige Modelle verschiedener Szenen des Alltagslebens (Bild 43). Es sind dies Grabbeigaben, die den Verstorbenen auf seiner unübersichtlichen Reise durch das weite Reich der Toten an sein Leben erinnern und gewissermaßen für einen sicheren Halt im Jenseits sorgen sollen.

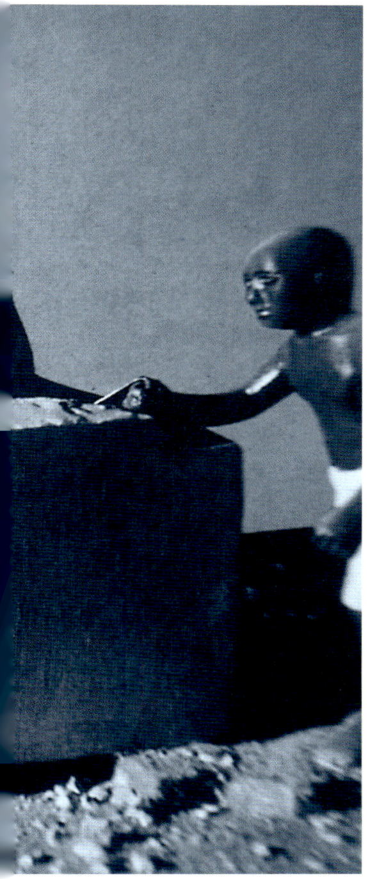

Auch unsere Urahnen empfinden es als reizvoll, wichtige Dinge des Alltags im Kleinen nachzubilden: Schiffsmodelle werden eine lange Tradition durchleben, ebenso die Armeen der Zinnsoldaten und natürlich Modellbahnen, mit denen unsere Urgroßväter schon vor der Jahrhundertwende spielen werden. Immer sind es dominierende Dinge und Geschehnisse des Alltags, die gerne von den Menschen „en miniature" nachgebildet werden, sei es zum Spielen oder zur besseren Anschaulichkeit.

Hilfsmittel einer komplizierteren Welt

Viel verändert sich für die Menschen der zweiten Hälfte des zweiten Jahrtausends: Durch die Kunst des Buchdrucks kann Wissen vermittelt und verbreitet werden. Das über die Jahrhunderte zunehmend besser organisierte Bildungswesen verleitet Architektur, Baukunst und Ingenieurwissenschaften zu immer famoseren Höhenflügen.

Die komplizierter werdende Welt bringt unzählige neue Methoden, Verfahren und auch schon Baumaschinen und -geräte hervor. Nicht immer kann all dies persönlich in Augenschein genommen werden, zumal das Reisen noch umständlich ist, und nicht immer kann jede Idee sofort realisiert werden.

Um das Neue an beliebigen Orten, auch gemütlich in Räumen, zeigen und erfahren zu können, bietet sich die Verkleinerung der komplexen Welt und ihrer großen Konstruktionen als praktikables und – im Schiffbau seit Jahrhunderten – bewährtes Mittel an. Natürlich ist dies kein fest gefaßter Entschluß, sondern vielmehr eine selbstverständlich ablaufende Entwicklung, die in den ersten Baumaschinenmodellen gipfeln wird (Bilder 44, 45).

Bild 44: Auf dem Titelkupferstich von „Castelli e ponti", Rom 1743, ließ sich der Autor und päpstliche Werkmeister Nicola Zabaglia vor dem Modell seiner neuartigen Hebezeugkonstruktion abbilden.

Bild 45: Das Musée des Arts et Métiers in Paris verfügt über eine Sammlung von Kranmodellen aus dem 18. und 19. Jahrhundert; hier ein 70 cm hoher, mobiler Baukran aus Holz.

Bild 46: Der schwimmende Schlickpflug aus dem niederländischen Veere von 1699 diente der Hafenreinhaltung und -vertiefung und wurde durch Windkraft vorwärts bewegt.

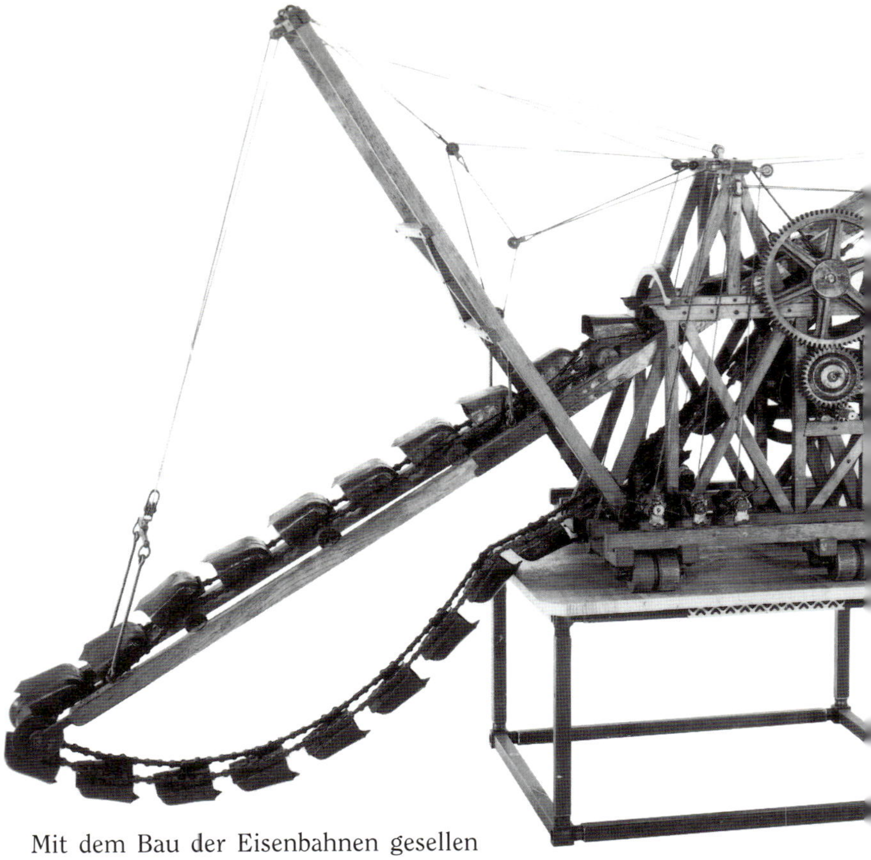

Bild 48: Der 1,2 m lange Eimerkettenbagger wurde 1859 für den Franzosen Couvreux gebaut, um am Modell die Funktionstauglichkeit der Konstruktion für den Bau des Suez-Kanals zu überprüfen.

Wie in „Faszination Baumaschinen – Erdbewegung durch fünf Jahrhunderte" ausführlich beschrieben, findet die Entwicklung von Erdbaumaschinen bei Naßbaggern ihre Anfänge. Sie dienen der Freihaltung der damaligen Verkehrsadern, der Flüsse und Häfen.

Daher sind die ersten Baumaschinenmodelle verkleinerte Baggerschiffe, oft im schon verbreiteten Maßstab 1:48 (1/4 inch zu 1 foot). In erster Linie interessant sind natürlich Modelle von Baggerschiffen, die anders als die anderen Naßbagger sind, beispielsweise auf unübliche Weise Flußböden säubern oder vertiefen (Bilder 46, 47).

Mit dem Bau der Eisenbahnen gesellen sich zu den Wasserwegen wichtige neue, stählerne Verkehrsadern – erstmals können Menschen und Lasten nicht nur auf dem Naß, sondern in Mengen und in hohem Tempo über das trockene Land befördert werden. Dieser grundlegende Wandel verändert auch das Wesen der Baumaschinen: Naßbagger verlieren ihre Bedeutung, auf Schienen rollende Trockenbagger werden aktueller.

Aus verständlichen Gründen wird versucht, bei Schwimmbaggern bewährte Technik auch auf Trockenbagger zu übertragen. Modelle bieten hier eine vorzügliche Möglichkeit, neue Konstruktionen anschaulich darzustellen (Bild 48). Ab etwa 1880, nachdem der Bau von Eisenbahnen stark an Bedeutung zunimmt, kommen die ersten „Mobilbagger" hinzu, die auf Schienen arbeiten und wie Waggons schnell umzusetzen sind – auch hiervon werden selbstverständlich Modelle gebaut (Bild 49).

Bild 47: Im Rheinmuseum Koblenz ist ein eigentümliches Baggermodell von 1855 zu bewundern: Die Eimerkette der im Wasser verankerten Baumaschine wurde mittels Schaufel- oder Mühlrad durch das vorbeiströmende Rheinwasser angetrieben.

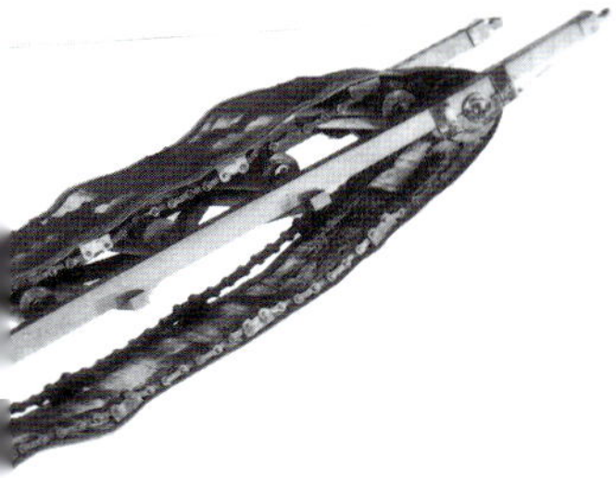

Bild 49: Beim traditionsreichen Baggerhersteller Bucyrus International stehen mehrere alte Modelle im großen Maßstab von 1:16, die wie diese „Railroad Shovel“ mittels Handkurbel auch funktionstüchtig sind.

Der technische Fortschritt nimmt im 19. Jahrhundert ein solches Tempo an, daß schon ganze Industrieanlagen zum besseren Verständnis als Anschauungsmodelle gebaut werden. Dies trifft besonders auf den Bergbau zu, bei dem ein Großteil der Anlagen „unsichtbar“ untertage waltet und wirkt (Bild 50). Solche Modelle dienen nicht nur dem Vergnügen, sondern oft auch an Bergakademien der Ausbildung des zukünftigen Leitungspersonals.

Früh taucht in der Geschichte der Spielzeugindustrie der Name Nürnberg auf. Bereits 1285 wirken hier Zinngießer. Um 1520 wird durch einen „Rathsverlaß“ angeordnet, daß den Nürnberger Kandelgießern (so heißen die Zinngießer gewöhnlich, weil sie Kandeln = zinnerne Dachrinnen herstellen) nichts anderes zu gießen erlaubt sein soll „dann allein Kindswerk“.

Kinder mögen Miniaturen

Zinn- und Bleifiguren, die Götter, Krieger und Tiere darstellen, finden wir schon in ältester Zeit – meist jedoch als Grabbeigaben, seltener wahrscheinlich als Spielzeug. Eher können die bleiernen Ritter und Heiligenfiguren aus dem 14. Jahrhundert als Spielzeug angesehen werden. Viele Völker, angefangen bei den Ägyptern, kennen kleine Tiernachbildungen und anderes Spielzeug, um ihren Kindern Spaß und Freude zu bereiten.

Bild 50: Die Dauerausstellung des Oberharzer Bergwerksmuseums zeigt historische Lehrmodelle, hier von 1820 Schacht und Fördereinrichtung der berühmten, von Goethe, Heine und James Watt besuchten Grube Dorothea.

Nach der „verneuerten Ordnung der Kandelgießer“ von 1578 haben sie nur die Erlaubnis, „billiges Kinds- und Dockenwerk“ zu gießen: „die zynen Öchslein und anderes zynes Kinderwerk, da ein Stück über 10 bis 12 Pfennig nit wert ist.“ Die Spielzeuge zählen also zum „Pfennwert“, zur billigen Ware.

Bild 51: Fast ein Jahrhundert nach ihrer Geburt leistet diese 27 cm lange, mit Echtdampf und Alkoholbrenner arbeitende Bing-Straßenwalze aus Stahl noch zuverlässig ihre (Spiel-)Dienste.

Die ersten bedeutenden Kandelgießer in Nürnberg, die Familie Hilpert, stellen um 1780 neben Soldaten viele Tiere, etwa Vögel, Hirsche, Elche und Affen, wie auch zahlreiche andere Figuren her. Wie weit die geradezu industrielle Fertigung um 1800 schon gediehen ist, zeigt ein „Verzeichnis über verschiedene feine und ordinaire gemahlte Zinn-Figuren und andere dergleichen Kunst-Waaren, welche in des Johann Ludwig Stahls, Hilperts seel. Erben, Kunstwaaren-Verlag in Nürnberg, um beygesetzte Preise gegen baare Bezahlung zu haben sind.“ Dies ist wohl der erste Spielzeugkatalog!

Über die zigtausend unterschiedlichen Figuren erhält die Nürnberger Industrie Aufträge aus ganz Europa; die kleinere Nachbarstadt Fürth ist in großem Umfang an dem Geschäft beteiligt. Um 1850 wird auch der erste einheitliche „Maßstab“ festgelegt, so daß alle Figuren in der „Nürnberger Größe“ von 33 mm zu gießen sind. Allmählich zeigt sich, daß der Name dieser Stadt europa- und bald weltweit mit hochwertigem Qualitätsspielzeug – und später ebensolchen Baumaschinenmodellen – assoziiert wird.

Zu den vor und um die Jahrhundertwende in Nürnberg und Fürth emsig Spielzeug herstellenden Firmen zählen Namen wie Arnold, Bing, Bub, Carette, Distler, Doll, Falk, Fleischmann, Günthermann, Hausmann, Hess, Issmayer, Kohnstam, Kraus, Lehmann, Levy, Georg Adam Mangold (= Gama), Plank, Schoennern, Schuco (Schreyer & Co.) und Tipp (Bild 51). Einige dieser Firmen, besser die Nachfolger ihrer Gründer, werden weltweit ihre Kreise ziehen, sogar bis nach China und Japan.

Übrigens, 1863 sollten wir nicht den Geburtstag des Engländers Frank Hornby übersehen, der mit Modelleisenbahnen, Meccano-Metallbaukästen und Dinky-Toys-Spielzeugfahrzeugen die Entwicklung der kleinen Kinderwelten wie vielleicht kein zweiter im 20. Jahrhundert prägen wird.

Bild 52: Tretradbagger im Touloner Hafen um 1750 nach einer Zeichnung aus dem Deutschen Museum, im Maßstab 1:87 aus Holz mit Figuren von Preiser von Walter Altmannshofer gebaut.

Etwas später, 1876, gründet Charles E. Dowst in Chicago eine Firma zur Publikation einer Wäscherei-Fachzeitschrift. Dank der zusätzlichen Produktion einiger Wäscherei-Artikel ersinnt Dowst eine Druckgußmaschine für Knöpfe. Daher werden bald auch viele Kleinartikel und kleine Spielzeuge hergestellt – und nach der Jahrhundertwende die ersten Druckguß-„Modellautos" der Marke Tootsie Toys.

Kurz vor der Jahrhundertwende, 1895, wird im deutschen Böblingen von Wilhelm Kindler sen. und Adolf von Briel eine „Fabrik feiner Holz- und Blechspielwaren" gegründet. „In vorzüglichster Ausführung und feinster Lackirung" umfaßt das Programm neben vielen anderen Spielwaren auch „Specialitäten: Küchen, Kaufläden, Brunnen, Badeanstalten, Eisenbahnen" – und, knappe 100 Jahre später, etliche Baumaschinen im H0-Maßstab, die wir unter der Abkürzung Kibri (Kindler & Briel) kennen werden.

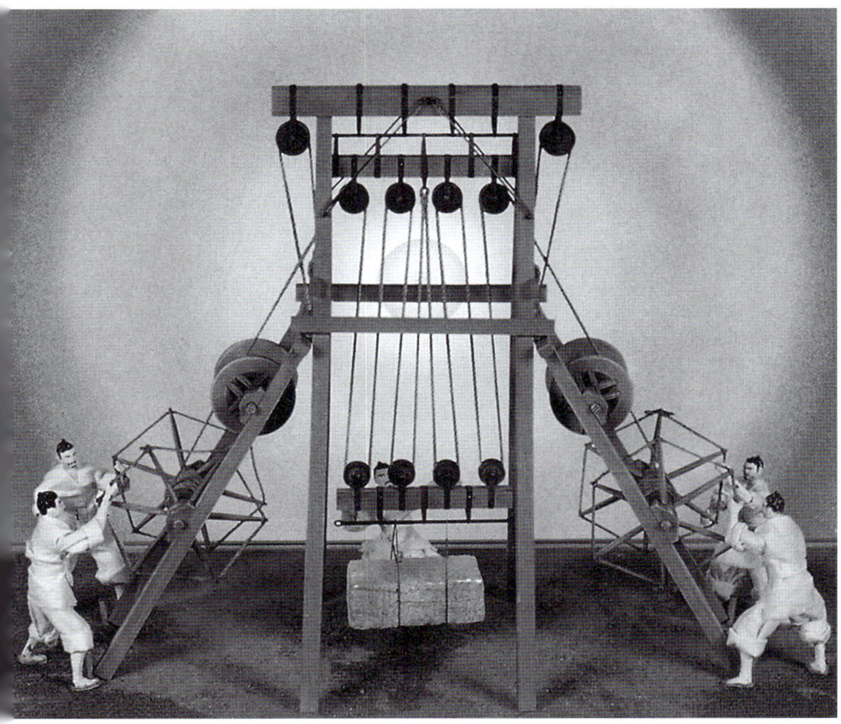

Historische Modelle aus der Neuzeit

Grundsätzlich sind Baumaschinen noch eine viel zu seltene Erscheinung, um in der Spielwelt der Kinder eine Rolle einzunehmen. Wir stoßen daher vor der Jahrhundertwende, von wenigen Walzen abgesehen, auf eine nur geringe Zahl von Baumaschinen-Spielzeugen und -Modellen.

Wer die Meilensteine alter Baumaschinentechnik veranschaulichen möchte, kann insofern keine alten Nachbildungen aufstöbern und sammeln, sondern ist vielmehr auf Eigeninitiative angewiesen. Mit etwas Geschick lassen sich dabei wunderbare Baumaschinen schaffen (Bilder 52, 53).

Bild 53: Nachbau einer alten asiatischen Krankonstruktion mit vier Handrädern und mehrfacher Seilscherung – auf dem Weihnachtsgruß eines koreanischen Kranverleihers.

Bild 54: Aufwendiger und anspruchsvoller Holzbausatz eines Kranschiffes mit dampfgetriebenem Derrick im Maßstab 1:87, entwickelt von der amerikanischen Firma Sheepscot Scale Products.

Um die Vergangenheit „en miniature“ etwas aufarbeiten zu können, kommen uns Modellbahnzubehör- und Kleinserienhersteller entgegen. Besonders im Maßstab 1:87 gibt es von amerikanischen Firmen interessante historische Baumaschinenmodelle zum Ausschmükken von Modellbahnanlagen und -dioramen der Spurweite H0, die die Zeit der Jahrhundertwende zum Thema haben (Bilder 54, 55).

Das Durchstöbern von Modellbahnkatalogen kann wahre Juwelen für Freunde und Sammler historischer Baumaschinen zutage fördern: Die International Hobby Corp. (IHC) aus Pennsylvania bietet im Maßstab 1:87 „Barnhart's Log Loader“. Na und, eine Maschine für den Holzumschlag? Ja, aber der Ingenieur Henry M. Barnhart ist 1884 einer der Gründer des Baggerherstellers Marion, und sein „Log Loader“ von 1886 der erste voll um 360 Grad schwenkbare (Bagger-) Oberwagen Nordamerikas (Bild 56). Aus dem „Log Loader“ wird 1908 der kleine radmobile Hochlöffelbagger Marion Model 30 mit 0,6 m³ Löffelinhalt entstehen.

Bild 55: Die kalifornische Firma Rio Grande Models fertigt in 1:87 als Weißmetall- und Holzbausatz ein Modell der Marion 40 Railroad Shovel, hier in einem Kohletagebau-Diorama.

Bild 56: Der „Log Loader“ von Marions Firmengründer Barnhart konnte schon 1886 um 360° schwenken und fuhr zum Aufladen der Baumstämme auf Schienen über die Reihe der Waggons.

Dem wachsenden Interesse an historischen Baumaschinen zufolge wenden sich auch Kleinserienhersteller des Maßstabes 1:50 alten Vorbildern zu. Bislang sind dies jedoch vornehmlich Baumaschinen der 40er, 50er und 60er Jahre. Nur selten reicht die Produktion um mehr als 100 Jahre in die Vergangenheit (Bild 57). Dies soll uns nicht verdrießen, denn nur wenige Seiten weiter werden uns ab der Jahrhundertwende schon die ersten schönen, historischen Baumaschinen-Spielzeuge begegnen ...

Bild 57: Nestor Marine aus Rußland baute in 1:50 für ATM in Frankreich die erste selbstfahrende Walze, eine englische Aveling & Porter von 1867. Es gab weder Pkw noch Lenkräder, daher das zum Schmunzeln anregende Schiffssteuerrad neben dem Schwungrad.

II.

1900 bis 1929

Spielzeug bereitet den Weg

Die ersten Baumaschinenmodelle tauchen in Spielzeugform dort auf, wo die Mechanisierung des Bauwesens den Alltag komplett „durchwühlt“ – in Amerika: Dampfbagger, Kipploren, Lkw, Raupenschlepper und von Pferden gezogene Grader und Scraper ermöglichen es, Bahntrassen, Straßen, Häfen und bald auch Flugplätze so schnell wie nie zuvor bauen zu können.

Dementsprechend spielen amerikanische Kinder schon ab der Jahrhundertwende mit einfachen Blech- und Gußeisen-„Modellen“ dieser Baumaschinen (Bild 58). Besonders beliebt ist bei Baggern aller Art der Schriftzug „Panama“, kündet dies doch von „Einsatzerfahrungen“ auf der weltgrößten Erdbaustelle, dem Panama-Kanal.

Vermessen wäre es, anzunehmen, die industrielle Produktion von Spielzeug würde im kleinen Rahmen in Hinterhöfen und Wohnstuben stattfinden. Der amerikanische Spielwarenhersteller Moline Pressed Steel Co. aus Illinois wirbt 1922 für seine legendären Buddy-„L“-Spielzeuge damit, daß stündlich rund 100 Stück eines großen Expreß-Lkw fertiggestellt werden. Obwohl Buddy-„L“ zu dieser Zeit nur sieben verschiedene Spielzeuge – drei Lkw, zwei Derrick-Krane, einen Dampfbagger und einen Miniatur-Schulraum – im Katalog führt, reicht die Auslastung doch, um in einer ehemaligen Fabrik für Autoteile auf 7.400 m² Fläche wirtschaftlich produzieren zu können.

Bild 58: Aus nur drei Gußteilen bestand dieser niedliche Raupen-Dampfbagger des amerikanischen Spielzeugherstellers Hubley im Maßstab 1:76.

Für den zügigen Abtransport der Spielzeugmassen sorgen natürlich moderne Dampfeisenbahnen, die ebenso den Nachschub der Rohmaterialien sichern und erst industrielle Produktion in dermaßen großem Umfang ermöglichen. Doch kaum ein halbes Jahrhundert später werden all die wunderbaren Miniaturbaumaschinen bis auf wenige Exemplare verschwunden sein …

Eisenbahnen – Fortschritt für die Kleinen

Alles, was nach der Jahrhundertwende mit Fortschritt zu tun hat, rankt sich auf irgendeine Weise um Eisenbahnen. Lokomotiven, Waggons, Signale, Gleise, Brücken, Bahnhöfe sind Symbole der neuen Zeit, die bislang nur mühsam überwindbare Entfernungen in Windeseile schrumpfen läßt. All dies spiegelt sich im Spielzeug wider – welches Kind träumte nicht von einer kleinen Eisenbahn?

Die 1866 gegründete Nürnberger Spielwarenfabrik Gebrüder Bing liefert schon ab 1879 Modellbahnen. Die Blechspielzeuge und Bahnen lassen weltweit Kinder- und sicherlich auch viele Väteraugen erstrahlen. Die Erfolge der Nürnberger Firma führen dazu, daß beispielsweise 1908 rund 5.000 Personen Bing-

Bild 59: Im niederländischen Rail-Toy-Museum in Oostvoorne ist neben vielen anderen Blechspielzeugen dieser 29 cm hohe, von Bing in Deutschland zwischen 1900 und 1904 gefertigte Schwenkkran zu bewundern.

Spielzeug produzieren (Bild 59). Da Eisenbahnen mit unfaßbarer Geschwindigkeit Schiffe als bis dahin bedeutendste Verkehrs- und Transportmittel ablösen, enthalten viele Spielzeugprogramme

Bild 60: Im ersten Jahrzehnt des 20. Jahrhunderts fand technischer Fortschritt auf Schienen statt, und so baute Märklin diesen 21 cm langen Eisenbahn-Schwenkkran, der heute ebenfalls im Rail-Toy-Museum steht.

selbstverständlich auch mancherlei auf Schienen rollende Krane (Bild 60).

Neben der Standardgröße der Nürnberger Zinnfiguren und der einheitlichen Maßstäbe im Schiffsmodellbau ersinnen die Spielzeugeisenbahner die ersten Modellnormen: Märklin standardisiert 1891 die Spurweiten mit I, II und III. Die meisten solcher Eisenbahnen sind aus Blech, ebenso viele andere Spielzeuge dieser Zeit (Bild 61).

1923 wird in Nürnberg eine Spielzeugfirma gegründet, die uns ab den 60er

Bild 61: Die neuen Traktoren wurden bei Landwirtschaft und Bau eingesetzt, so auch dieser blecherne „Baby-Traktor" mit seinen beiden Kipploren, wohl aus Deutschland, etwa im Maßstab 1:43.

Jahren mit herrlichen Baumaschinenmodellen beständig begleiten wird: Gescha – seit den 70ern unter dem Namen Conrad Modellsammlern weltweit vertraut.

Bild 62: Die Ausgabe des Meccano-Neuheitenbuches von 1928 zierte ein detailgetreuer „Titan Crane“ für den Hafen- und Molenbau; sein Vorbild dürfte vom englischen Kranhersteller Ransomes & Rapier stammen.

Kingsbury zeigt in den Blechspielzeugkatalogen der 20er Jahre einen Autokran und einen eigentümlichen Bodenentleerer mit Frontfahrerstand, einer Kutsche nicht unähnlich. Wo sich der Mctor befinden könnte, ist nicht ersichtlich; immerhin steht auf der Muldenseite in großen Buchstaben „Panama“. Waren dort solche motorlosen Fahrzeuge im Einsatz, vielleicht mit Uhrwerkantrieb? Sollten die Spielzeughersteller mehr wissen als Baumaschinenhistoriker…?

Die seit 1875 bestehende Fürther Firma Moses Kohnstam bietet 1928 in ihrem Katalog einen hübschen, 16 cm langen Autokran mit Uhrwerkantrieb. Kohnstam beliefert unter dem Markennamen Moko ganz Europa mit Blechspielzeugen, darunter sogar Lkw mit elektrischer Beleuchtung.

Kohnstams nach London emigrierte Nachfolger werden in den späten 40er Jahren weiterhin unter dem Namen Moko legendäre Spielzeuge produzieren (siehe Bild 93). Der kaum werbeträchtige Name Moko wird bald darauf zu „Matchbox toys“ umgewandelt, die klein wie Streichholzschachteln sind – und sicher jedem Kind der westlichen Welt wohlbekannt…

Metallbaukästen erobern Kinderherzen

Für den Modellbau werden gleich nach der Jahrhundertwende ebenfalls wichtige Weichen gestellt: Im Januar 1901 erhält Frank Hornby sein erstes Patent für die mechanischen Grundlagen seiner später berühmt werdenden Meccano-Metallbaukästen, 1907 wird der Handelsname Meccano eingetragen. Bis 1914 wird Meccano auch für Märklin Uhrwerke und Echtdampfmaschinen fertigen, zudem später bis in den 2. Weltkrieg hinein Komponenten für Metallbaukästen.

Bild 63: Ende der 20er Jahre baute W. D. Schofield aus Lincoln das Modell eines dampfgetriebenen, mit Kurbelwinden arbeitenden Ruston-Schleppkübelbaggers aus Meccano-Teilen und erhielt dafür einen Preis von £ 3.

Bild 64: Gußeiserne Huber-Dampfwalze von Hubley (rechts) und eine aus Aluminium gefertigte Kopie von Irwin, beide im Maßstab von ungefähr 1:25.

Metallbaukästen, auch von Märklin, Trix und anderen Herstellern, werden bis weit in die 60er Jahre ein fabelhaftes Bastel- und Modellbauspielzeug für junge Konstrukteure sein (Bild 62). Im Umfeld der Hornby-Eisenbahnen und Meccano-Metallbausätze bilden sich weltweit, vornehmlich im britischen Empire, zahlreiche Meccano-Clubs, deren Mitglieder im Alleingang oder gemeinsam überwältigende Meccano-Konstruktionen schaffen. Im „Meccano Magazine" wird regelmäßig zu Konstruktions-Wettbewerben aufgerufen; die besten Modelle – oft nach real existierenden Vorbildern – werden prämiert (Bild 63).

Gußeisen für solide Maschinen

Wann schlägt die Geburtsstunde der Spritz- und Druckgußmodelle, die im Verlaufe dieses Jahrhunderts – wie ihre großen Vorbilder, die Automobile – die Welt im Sturm erobern werden? Vielleicht beginnt die lange Geschichte der Druckgußmodelle 1914, als die amerikanische Dowst Manufacturing Co. die Produktion ihrer Tootsie Toys mit einem kleinen Ford-T-Modell aufnimmt. In den nächsten Jahren werden von diesem kleinen T-Modell 15 Mio. Stück (!) das Werk verlassen.

Zumeist werden jedoch noch gußeiserne Spielzeuge hergestellt, so in den Vereinigten Staaten von Firmen wie Arcade, Hubley, Irwin, Kenton, darunter auch einige schöne Baufahrzeuge und -maschinen (Bild 64). Fast zeitgleich erscheinen in Europa die ersten Spielzeugautos, so in England von Britain, Johillco und Skybird und in Frankreich von AR, CIJ und Solido. Meist sind dies aber keine Modellautos, sondern kleines Zubehör für Puppen, Züge, Schiffe oder schon Flugzeuge.

Hubley fertigt um 1906 ein gußeisernes, 42 cm langes Pferdegespann mit Kohleanhänger, dessen Pritsche zum Abladen gekippt werden kann. Damit's beim Spielen zügiger abläuft, haben die Pferde unter den Vorderhufen eine verbindende Achse mit zwei kleinen Rollen. Der auf schnellen Rädern heraneilende Fortschritt der hektischen neuen Zeit ist auch bei Kinderspielzeugen nicht aufzuhalten…

Zu den populärsten Nutz- und Baufahrzeugen der ersten Jahrzehnte des 20. Jahrhunderts gehören zweifellos die bulligen Mack-Lkw. Sie werden in verschiedenen Größen von vielen, auch nicht-amerikanischen Spielzeugherstellern produziert und bevölkern mit zahl-

Bild 66: Grader zählten in den 20er Jahren zu den wichtigsten Baumaschinen. Bei dem 19 cm langen Anhängegrader von Kenton konnte sogar die Schar gehoben und gesenkt werden.

losen Aufbauvarianten Kinderschränke und Sandkisten (Bild 65). Von Tootsie Toys ist ein Mack mit drei wechselbaren Aufbauten erhältlich. Marx bietet blecherne Macks mit Uhrwerkantrieb, Arcade aus Gußeisen mit vorbildgetreuen Seil-Kippvorrichtungen.

Bild 65: 22 cm langer General-Bagger auf Mack-Chassis von Hubley. Schon um 1920 schaufelten solche Bagger soviel, daß sich der hier in der Oberwagentür stehende Baggerführer ausruhen durfte.

An den frühen Spielzeugen läßt sich die Entstehungsgeschichte vieler Baumaschinen nachvollziehen. Neu sind landwirtschaftliche Traktoren, die Pferde und Ochsen ersetzen. Solche Traktoren befreien die Vierbeiner auch davon, Baumaschinen wie Grader, Scraper, Kippanhänger oder Bodenentleerer zu ziehen (Bild 66). Wie eng verwandt Landwirtschaft und Erdbau noch sind, unterstreichen die „Farm Sets", die beispielsweise Traktor, Pflug, Kippwagen und Anhängegrader enthalten.

Besonders revolutionär sind in den 20er Jahren Raupenschlepper, die dank ihrer mitgebrachten, endlos umlaufenden Gleisketten und Bodenplatten-Schwellen mancherlei Arbeit besser erledigen können als Radschlepper. Den interessanten Raupenschleppern widmen die Spielwarenhersteller viel Aufmerksamkeit, denn schließlich wollen Kinder mit wachen Augen in die (Baumaschinen-) Zukunft blicken (Bild 67). Noch bevor 1928 der bekannte US-Raupenhersteller Monarch von Allis-Chalmers übernommen wird, können kleine Amerikaner schon mit unterschiedlich großen, von 8,2 bis 13,3 cm langen Monarch-Raupenschleppern von Hubley spielen.

Stahl widersteht allen Anstürmen

Während in Europa Baumaschinen – abgesehen von Baggern, Walzen und Kranen – noch praktisch unbekannt sind, zeigen sich viele amerikanische Spielzeughersteller von der Idee des maschinellen Erdbaues begeistert und geben Maschinen und Geräte „en miniature" wieder (Bild 68).

Bild 67: Dieser gußeiserne Grader von AC Williams wurde von einem modernen Raupenschlepper von Arcade gezogen; der Mann auf dem Grader hatte mit den großen Stellrädern alle Hände voll zu tun.

Bild 68: Dampfgetriebener Derrick-Kran mit Greifer für den Kanalbau – ein vorbildgetreu arbeitendes Stahlspielzeug von Buddy „L“ (unten links eine Münze als Größenvergleich).

Bild 69: Praktisch unzerstörbar waren die mächtigen stählernen Buddy-„L“-Dampfbagger, hier sogar mit Kettenspanner.

Daß solche Maschinen robust sein und den Anstürmen emsiger kleiner Bauleute und Maschinisten dauerhaft trotzen müssen, erkennt vielleicht kein anderer Hersteller besser als Buddy „L“. Ein kleiner Junge namens Arthur B. Lundahl, Buddy genannt, brachte beim emsigen Spiel seinen Vater auf die Idee, daß Baumaschinen zum richtigen Spielen ausreichend stabil sein müssen.

Die massiven Stahlspielzeuge dieser Firma werden als faszinierende, fast unverwüstliche Baumaschinenminiaturen – sofern man bei Größen von 65 cm wie beim Dampfbagger noch von Miniaturen sprechen darf – in die Spielzeug- und Sammlergeschichte eingehen (Bild 69).

Buddy „L“ baute für Kinderhände und -herzen zudem Greif- und Grabenbagger, Sandförderer, Derrickkrane, Dampfwalzen, einen Bauaufzug – wahrscheinlich das erste „Modell“ einer solchen Vorrichtung – und, auch dies ist erstaunlich, eine Ramme mit Mäkler auf Basis des Raupen-Dampfbaggers und auf einem Bahnwaggon.

Bei den großen Dampfbaggern sind sämtliche Funktionen nachvollziehbar, sogar der Löffelvorschub und das Öffnen der Löffelklappe. Aus der Bedienungsanleitung erfahren wir: „Mit etwas Praxis wirst Du deinen Dampfbagger wie ein erfahrener Maschinist bedienen.“ Gemäß ihrer Bedienungsanleitung kann mit den großen, 7,7 kg wiegenden Betonmischern von Buddy „L“ sogar wie beim Vorbild – wahrscheinlich von Koehring – gemischt werden (Bild 70).

Ein anderer bedeutender Hersteller von Stahlspielzeugen ist die amerikanische Firma Keystone Manufacturing Co. aus Boston. Allerdings sind die Baumaschi-

Bild 70: Dank des großen Maßstabs von 1:12 eignete sich dieser Betonmischer von Buddy „L“ für das Mischen richtigen Betons, was möglicherweise manche Mami weniger als die Kinder begeistert haben mag…

Bild 71: 40 cm langer Keystone-Dampfbagger; der Löffel wird nicht ganz vorbildgetreu über eine Umlenkrolle am Löffelstielende gehoben.

nen einfacher gestaltet und daher nicht so realistisch, sie haben weniger einen Modell-, sondern eher reinen Spielcharakter (Bild 71). Weitere große Stahlspielzeuge, so auch zwei Lkw-Kipper und ein Löffelbagger, stammen von der amerikanischen Firma Sturditoy Corp., je ein Dampfbagger auf Rädern von Bowman, Kelmet und Steelcraft.

Rückblicke aus moderneren Tagen

Im ersten Drittel unseres Jahrhunderts werden Baumaschinen nicht in großen Stückzahlen industriell produziert, sondern vielfach als Sonderanfertigungen einzeln hergestellt. Bekannte Baumaschinenmessen gibt es noch nicht, und so existieren nur wenige Lehr- und Ausstellungsmodelle (Bild 72).

Bild 72: Im Maßstab 1:16 wurde um die Jahrhundertwende dieses imposante Holz- und Metallmodell eines schwimmenden Dampf-Löffelbaggers für Bucyrus-Erie gebaut.

Wollen sich namhafte Baumaschinenhersteller 50, 60 oder gar 90 Jahre später auf ihre Traditionen berufen, bleibt ihnen nur der Weg, die alten Prototypen der ersten Stunden im Modell nachzugestalten. Dabei entstehen oft Modelle in Museumsqualität (Bild 73). Schwieriger wird es für private Modellbauer, sich uralte Zeichnungen und Pläne zu beschaffen. Ist dies dank der Unterstützung freundlicher Baumaschinenhersteller möglich, können erstaunliche Maschinenkonstruktionen zum neuen Leben „en miniature" erweckt werden (Bild 74).

Einen beachtlichen Dampf-Derrickkran, das Modell 518 der American Hoist & Derrick Co. für 45 t Tragfähigkeit, läßt der amerikanische Modellhersteller Classic Construction Models (CCM) in limitierter Auflage ganz aus Messing im Maßstab 1:48 in Korea fertigen. Der Kran aus der Zeit um die Jahrhundertwende ist einer der ersten schon frei um 360° drehbaren, da der gesamte Kessel- und Derrickaufbau gemeinsam auf einem Oberwagen angeordnet ist.

Bild 73: Dick LeMaster baute für Wabco 1975 nach Original-Patentzeichnungen im Maßstab 1:12 R. G. LeTourneaus ersten selbstfahrenden Scraper von 1924 für Messen und Ausstellungen.

Bild 74: Im großen Maßstab 1:12 ist der Nachbau eines American-Dampfbaggers Class 44-16-21/2 aus dem Jahre 1902 von John J. Peebles wahrlich beeindruckend – übrigens der erste Bagger mit Seilen anstelle der ansonsten üblichen Kettenzüge.

Bild 76: Walter Altmannshofer setzte diesen Erie B-2 Dampfbagger von 1914 beim Beladen eines Mack-Lkw perfekt in Szene; beides sind Plastik-Bausätze im Maßstab 1:87 von Vintage Vehicles und Jordan.

Bild 75: Als einer der ersten selbstfahrenden Grader schrieb der Wehr von 1925 mit Fordson-Antrieb Geschichte – hier als perfekt gebauter Weißmetallbausatz von McKenzie Iron & Steel.

Interessante historische Baumaschinen sind im Maßstab 1:48 von der amerikanischen Firma McKenzie Iron & Steel erhältlich, jedoch nur als Weißmetallbausätze. Meist handelt es sich um Raupenschlepper und Maschinen, die auf Fordson-Traktoren und -Motoreinheiten basieren (Bild 75). Sogar Modellbausätze von Fresno- und anderen frühen Scrapern sind lieferbar.

Haben Modellsammler den Wunsch, Baumaschinengeschichte auf dem heimischen Regal wieder aufleben zu lassen, schält sich im Dschungel der Maßstäbe klar und deutlich der Maßstab 1:87 als bestens geeigneter heraus (Bild 76). In der Baugröße H0 sind nämlich wesentlich mehr Modellbausätze historischer Baumaschinen der ersten drei Jahrzehnte unseres Jahrhunderts erhältlich als Fertigmodelle oder Bausätze um den Maßstab 1:50 (Bild 77).

Bild 77: Reich detaillierter, dampfgetriebener Greifbagger auf einem Stelzenponton als anspruchsvoller 1:87-Weißmetall- und Holzbausatz von Sheepscot Scale Products.

Bild 78: Zwei Erie-Dampfbagger und ein kompakter, auf Fordson-Antriebseinheit basierender Wilford-Raupenbagger als präzise Weißmetallbausätze im Maßstab 1:87 von Rio Grande Models.

Pionierarbeit auf dem Gebiet historischer Baumaschinenmodelle leistet die amerikanische Firma Rio Grande Models (siehe auch Bild 55). Das umfassende Programm der sehr detaillierten Weißmetallbausätze im Maßstab 1:87 (Spur H0) umfaßt inzwischen viele bedeutende Baumaschinen-Oldtimer, darunter Raupenschlepper, Bagger, Grader und Autokrane (Bilder 78, 79).

Bild 79: Typischer Anhängegrader des frühen 20. Jahrhunderts vom amerikanischen Hersteller Austin als liebevoll ausgestatteter Rio-Grande-Bausatz.

Die Bausätze im Maßstab 1:87 sind handlich, zudem ist für die Spurweite H0 unendlich viel Zubehör aller Epochen

Bild 80: Einer der ersten praxistauglichen Raupenschlepper war 1906 der Holt No. 122, ein Rio-Grande-Bausatz in 1:87, mit anderem Kessel, Speichenrad und Bodenplatten von Walter Altmannshofer verfeinert.

Bild 81: Walter Altmannshofer zeigt uns anhand eines Rio-Grande-Bausatzes des Holt-Raupenschleppers 75, wie Baumaschinen mit Benzinmotor und angehängtem Caterpillar „Land Leveller“ langsam fortschrittlicher werden.

Bild 82: Zu den ersten Autokranen dürfte der 4 t hebende Universal auf Mack AC Bulldog-Chassis gezählt haben, der hier einen Packard belädt (Kran von Rio Grande, Lkw von Jordan).

erhältlich – ideale Zutaten für historische Baumaschinendioramen. Ein Meister des Dioramenbaues ist Walter Altmannshofer (Bilder 80 bis 83). Wohl kaum jemand wird zu finden sein, der Baumaschinenvergangenheit besser und „echter“ nachempfinden könnte. In seinen Dioramen erzählen die H0-Bausätze lebendige Geschichte. Das Fauchen der Dampfmaschinen, das Tuckern alter Motoren ist förmlich zu hören, und über allem hängt der Geruch von Ruß und heißem Öl…

Bild 83: Deutsche Modellhersteller wie Weinert entdecken im Maßstab 1:87 Baumaschinen-Oldtimer: Eine Henschel-Dampfwalze von 1927 samt Wohn- und Gerätewagen sowie Wasserwagen auf der Reise zur nächsten Baustelle.

III.

1930 bis 1949

Urahnen der Werbemodelle

Bis zur Mitte unseres Jahrhunderts bemühen sich Baumaschinen emsig, Handarbeit von Baustellen aller Art zu verdrängen. Baumaschinen werden zum Bestandteil des Alltagsgeschehens der Länder der westlichen Welt, und dies zeigt sich auch im Kinderspielzeug. Die Möglichkeiten, die sich mit Spielzeug bieten, führen zur Idee der Werbemodelle, denn inzwischen gibt es eine Baumaschinenindustrie, die sorgsam an möglichst hohen Verkaufszahlen feilt. Spielzeuge sind hier ein willkommenes Werbemittel…

Bild 84: Eines der ersten Baumaschinen-Werbemodelle (oder besser Werbe-Spielzeuge) war der 33 cm lange, 4,5 kg schwere P&H-Löffelbagger von Vindex.

Wo finden wir die Anfänge der Werbemodelle? Vielleicht in den frühen 30er Jahren in den Vereinigten Staaten, wo sich während der Depression der Nähmaschinenhersteller Vindex Co. aus Belvidere, Illinois, nach neuen Märkten umschaut. Um die Arbeiter beschäftigen zu können, geht die Firma mit dem Farmmaschinenhersteller John Deere ein Abkommen zur Produktion gußeiserner Spielzeuge ein, so auch vom legendären Modell „D" Traktor.

Für die Spielzeuge – oder Modelle? – ist durchaus ein Markt vorhanden, obwohl sie in erster Linie von Deere-Händlern an potentielle Käufer landwirtschaftlicher Ausrüstungen abgegeben werden. So mancher Junge, der seinen Papa zum Deere-Händler begleitet, hält mit strahlenden Augen einen kleinen Traktor in den Händen – möglicherweise sein einziges Spielzeug in wirtschaftlich schwierigen Zeiten!

Begeistert wird mancher kleine Farmer zum John-Deere-Fan. Das amerikanische Fachmagazin „Farm Mechanics" wirbt damit, daß jeder Leser für ein Drei-Jahres-Abonnement unter zehn verschiedenen John-Deere-Farmspielzeugen wählen darf, darunter ein 16,5 cm langer Traktor oder eine 52 cm lange Dreschmaschine.

Bild 85: Was entdeckt unser Fotograf im Staub der Zeiten? Einen 15-t-Muldenkipper Euclid Modell FD von 1948 mit typisch dreigeteilter Windschutzscheibe; der originale Euclid-Schriftzug weist auf die Funktion als Werbemodell hin.

Später wird die Spielzeugpalette um Farmmaschinen und -ausrüstungen von McCormick-Deering, Case und Bates, um einen International-Kipper und einen legendären P&H-Seilbagger erweitert (Bild 84). Doch trotz der schönen Spielzeuge und Leserwerbung überleben weder „Farm Mechanics" noch Vindex die Depression, beide gehen in Konkurs.

Auch andere amerikanische Firmen fertigen nun Werbemodelle, darunter einige Muldenkipper, die sich nun mehr und mehr von ihren Vorfahren, den straßengängigen Lkw-Kippern, zu unterscheiden beginnen. Dazu gehören ein roter, 11 cm langer Mack AC Bulldog von Dent mit zwar kleiner, aber sich dennoch deutlich von einer Pritsche unterscheidenden Mulde und ein zweiachsiger Euclid unbekannter Herkunft im Maßstab 1:43 aus Gußeisen (Bild 85).

Für die wenigen Werbemodelle, die uns bald begegnen werden, müssen wir – wie die Kinder, die mit ihnen spielen möchten – gut frühstücken: Die kleinen Baumaschinen wiegen bald bis zu 7 kg und sind oft mehr als einen halben Meter lang. Doch warten wir noch ein Weilchen...

Amerikaner setzen auf guten Guß

Wichtige Modelljahre kommen nun auf uns zu, denn in den 30er Jahren tauchen die ersten „Automodelle" auf, die natürlich auch Spielzeuge sind, aber eindeutig verschiedene Automarken und -typen darstellen. Pionier der Modellauto-Produktion ist Tootsietoys, der ab 1934 im Maßstab 1:43 klassische amerikanische Pkw im Zinkdruckgußverfahren herstellt. Bereichert wird das Spielzeugprogramm durch einige schöne, aber doch recht rauh gestaltete Baumaschinen (Bilder 86, 87).

Arcade präsentiert in den späten 30er Jahren einen gut detaillierten International-Raupenschlepper, auf dem die Typenbezeichnung „TracTracTor" zu erkennen ist. In ähnlicher Bauart folgt ein Caterpillar-Raupenschlepper Modell 50, der sogar über einen kleinen, mittels Gewindekurbel vor dem Kühler höhenverstellbaren Planierschild verfügt. Interessant ist in diesen Jahren die Verschmelzung von Traktor und Baumaschine zu einer Einheit (Bild 88).

Bild 87: Ein Tootsietoys-Grader mit Rechen, der gegen die Schar getauscht werden konnte, wird von einer Tootsietoys-Kopie, einem Raupenschlepper von AR aus Frankreich, gezogen.

Bild 86: Amerikanischer Erdbau „en miniature" der 30er Jahre: Tootsietoys-Raupenschlepper mit zwei angehängten Bodenentleerern, alles im ungefähren Maßstab von 1:64.

Bild 88: Arcade zeigte 1934, wie ein Allis-Chalmers-Traktor mit einem Bodenentleerer als Sattelzug zu einer Einheit für den Erdbau zusammenwächst – hier neben einem französischen Pinguely-Baggeraschenbecher der 40er Jahre.

Bild 89: Früh kam Rudolf Diesel zu Ehren, denn schon in den 30er Jahren zierte der Schriftzug „Diesel" diese moderne Huber-Dreiradwalze aus Gußeisen von Hubley.

Die amerikanische Firma Kenton baut in den 30er Jahren einen schönen Eimerketten-Grabenbagger auf Raupen mit Kurbelantrieb, Hubley eine kleine Straßenkehrmaschine und eine moderne, weil schon dieselgetriebene Dreiradwalze (Bild 89). Tootsietoys bringt ebenfalls eine Dieselwalze auf den Markt, die leider nur für kurze Zeit produziert wird.

Eigentlich keine Baumaschine, sondern einen Traktor mit landwirtschaftlicher Ladeausrüstung liefert Hubley 1938 in die amerikanischen Spielwarenläden. Der 23 cm lange Fordson „F"-Traktor mit seilbetätigter Schaufel repräsentiert jedoch einen wichtigen Meilenstein in der Entwicklung der Baumaschinentechnik, stellt er doch den Vorläufer aller Radlader dar. Ansonsten bereichert Hubley das Kinder-Bauwesen auch um zahlreiche Mack-AC-Bulldog-Kipper, Raupenschlepper und zwei Dampfbagger.

Fast schon sagenhaft wird einst der Ruf sein, den die wuchtigen Modelle des amerikanischen Herstellers Ertl bei Sammlern in aller Welt genießen werden. Noch ist es allerdings nicht ganz so weit: Der Formenbauer Fred Ertl sen. aus einer Fabrik in Dubuque ist nach einem Streik arbeitslos. Seine Kinder bringen ihn auf die Idee, Spielzeuge wie Traktoren und Flugzeuge zu bauen. Er schmilzt Metall im heimischen Ofen und gießt es in Sandformen, seine Söhne setzen die Spielzeuge zusammen, seine Frau lakkiert sie. Wegen des Erfolges entschließt sich Fred Ertl 1947, eine Firma zu gründen und ein eigenes Gebäude zu beziehen – das aber bald zu klein wird und zum Bau einer Fabrik in Dyersville, Iowa, führt. 1959 wird dort mit 50 Angestellten die Produktion aufgenommen, und wir werden schon bald wunderschöne Baumaschinenmodelle kennenlernen.

Übrigens überleben erstaunlich viele Spielzeuge der 20er und 30er Jahre, obwohl Gußeisen leider recht zerbrechlich ist. Es mag wohl darin begründet sein, daß Kinder ihre wenigen Spielzeuge mehr schätzen und sorgfältiger damit umgehen als in der zweiten Hälfte dieses Jahrhunderts, in der wesentlich mehr Geld für Luxusgegenstände wie Spielzeug ausgegeben werden kann...

Europas Kinder spielen mit Autos

Eisenbahnen sind in Europa schon alte, bekannte Technik, Autos repräsentieren hingegen das Neue. So wenden sich mehrere europäische Spielzeughersteller der Produktion von Autominiaturen zu, die nach echten Vorbildern gestaltet sind. Als erster Hersteller betritt 1934 die vom Engländer Frank Hornby gegründete Firma Meccano Ltd. die kleine große

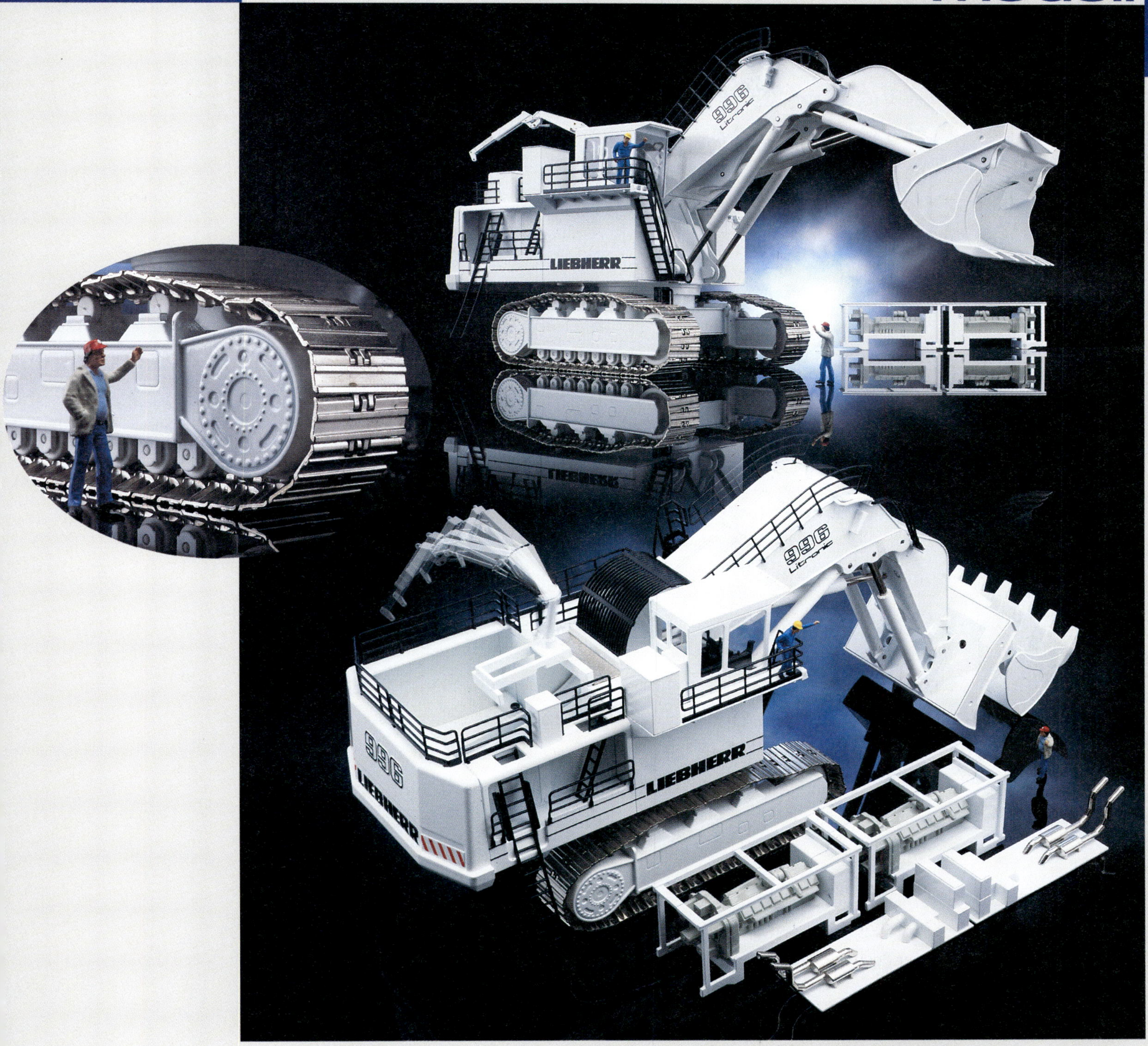
996
Litronic
LIEBHERR

Bild 90: Vielleicht erhielt ein Junge per Post diesen „Super Solid Bulldozer, komplett, fertig für den Zusammenbau". Welche Enttäuschung, die schlecht geschnittenen Holzteile und Pappraupen auszupacken – doch Metall stand während des Krieges unter Embargo.

Welt des Maßstabs 1:43. Vorerst steht unter den Modellen noch „Hornby Series", bald wird daraus „Dinky Toys". Meccano startet 1934 auch in Frankreich die Produktion, doch dann gerät die Welt während der Kriegsjahre aus den Fugen (Bild 90). Der Krieg entreißt den Kindern der Welt nicht nur Spielzeug...

Nach dem Krieg sollen Kinder wieder spielen können, 1946 kommen neue Dinky Toys in die Läden. 1947 wird im Meccano-Magazin erstmals auf eine „Fine New Series of Models" hingewiesen: Es sind die Dinky „Supertoys", wie die größeren Modelle – wie auch die meisten Baumaschinen – bezeichnet werden, so ab 1948 der „Heavy Tractor", aus dem 1949 die Blaw-Knox-Planierraupe wird (Bild 91). Blaw Knox fertigt in England unter Lizenz amerikanische Cleveland-Tractor-Raupenschlepper (Cletrac), was dazu führt, daß später manche Sammler meinen werden, Dinky Toys habe diese Raupe fälschlicherweise mit dem Firmennamen Blaw Knox versehen.

Bild 91: „Der Planierschild ist korrekt angelenkt und wird über eine detailgetreue Mechanik gehoben und gesenkt. Beim echten Blaw Knox Bulldozer erfolgt dies mit Hydraulikzylindern", schrieb Dinky Toys 1949 zu diesem Modell.

Im Oktober 1948 folgt von Dinky Supertoys ein „Dumper Truck" mit wendbarem Fahrersitz für den bei Dumpern dieser Bauart üblichen Shuttle-Betrieb (Bild 92). Bei diesem Modell, das von zahlreichen Spielzeugherstellern imitiert werden wird, handelt es sich um das legendäre Vorbild der englischen Firma Muir Hill, die ihre Dumper ursprünglich auf Basis von Fordson-Traktoren entwickelte. Im gleichen Jahr erscheint eine schon sehr fortschrittliche Diesel-Dreiradwalze von Aveling-Barford.

1933 wirbt die englische Firma Lines Bros. mit dem berühmten Dreiecks-Zeichen für ihre „Tri-Ang Toys". Zunächst sind dies Blechspielzeuge mit Uhrwerk, aus denen bald darauf echte Modellautos, auch mit batterie-elektrischer Beleuchtung, entstehen. Darunter sind 13 und 22 cm lange Raupenschlepper und ab 1935 eine beachtliche Aveling-Barford-Dampfwalze, deren Uhrwerk nicht nur für automatisch wech-

Bild 92: Auf Metallrädern rollte der Muir-Hill-Dumper von Dinky Toys heran (2. von links), hier von Kopien begleitet: Benbros Qualitoys (2. von rechts), Charbens (rechts) und Condon (links außen) im Maßstab 1:50.

Bild 93: Moko bescherte uns eine der wenigen Nachbildungen eines funktionstüchtigen Skimmer-Baggers, eines Rapier 410. Die Moko-Planierraupe mit Hydraulik-Schild gilt als Caterpillar RD8.

selnde Vor- und Rückwärtsfahrt sorgt, sondern zugleich das Schwungrad und den Zylinderkolben bewegt. Unter dem Markennamen „Spot-On“ werden uns von Lines Bros. noch einige wenige, aber fabelhafte Baumaschinenmodelle begegnen, außerdem wird Lines Bros. 1964 Dinky Toys von Meccano erwerben.

Einige später recht rare Spielzeugbaumaschinen stellt Ende der 40er Jahre der englische Matchbox-Vorläufer Moko im Maßstab 1:43 her (Bild 93). Moko ist eine Abkürzung des Namens Moses Kohnstam, eines aus Nürnberg stammenden Spielzeugfabrikanten. 1947 nehmen die nicht verwandten, aus Schulzeiten befreundeten Leslie Smith und Rodney Smith Anfang und Ende ihrer Vornamen und gründen die Lesney Products Ltd.; der Vertriebsname Moko wird bald in „Matchbox Toys“ umgewandelt und so um die Welt gehen.

Bild 94: Zwei Dampfwalzen um den Maßstab 1:43 – rechts von Charbens aus England mit guten Details, links von Animate Toys aus den Vereinigten Staaten aus Kriegszeiten.

Bild 95: Manche „Modelle“ waren nicht ganz so echt; dieser Mobilkran der französischen Firma AR um 1930 darf als Beispiel gelten. Die Museumsbesucherin entstammt dem 1:50-Universum.

Was in den 50er Jahren phantastische Ausmaße annehmen wird, zeichnet sich nun schon ab: Viele europäische Spielwarenhersteller nehmen die Produktion von Miniaturautos auf, und darunter sind nicht wenige kleine Baumaschinen (Bilder 94 bis 96).

Ein weiterer Name, der die Modellgeschichte prägen wird, taucht 1949 in Deutschland auf: „Die neuartigen

Bild 96: Obwohl dieser 1:48-Grader etwas fehlproportioniert erscheint, könnte sein englischer Hersteller Lemeco doch ein reales Vorbild auf Traktorbasis im Sinn gehabt haben.

Bild 97: Der 48 cm lange „Roadgrader" der kanadischen Firma Lincoln aus Stahlblech ist möglicherweise einem kanadischen Champion-Grader der 40er Jahre nachgebildet.

Wiking-Verkehrsmodelle im Maßstab 1:100 sind Darstellungen des Straßenverkehrs aller Art. Die Serie dient dem Unterricht in den Verkehrsregeln und den Gefahren der Straße. Schulen und Verkehrspolizei verwenden die Modelle mit Erfolg auf geeigneten Straßenplänen. Gleichzeitig bilden diese Miniaturen als Spielkreis ‚Verkehr' ein hervorragendes Bildungsmittel der Heranwachsenden mit vielseitigen Spielmöglichkeiten. Die Modelle sind aus plastischem Material hergestellt und so gut wie unzerbrechlich", erfahren wir aus der Wiking-Preisliste. Der Markenname rührt von kleinen Schiffsmodellen her, mit denen die Firma Peltzer & Peltzer schon 1932 begann. Manche schöne kleine Baumaschine wird in den nächsten Jahrzehnten das Berliner Wiking-Werk verlassen…

Stahl für starke Kinder

Auch in diesen beiden Jahrzehnten begleiten uns zunächst die schon vertrauten, wuchtigen Stahlspielzeuge von Buddy „L", die von einigen Sammlern später als die schönsten „kleinen" Vorkriegs-Baumaschinen bezeichnet werden. Zum Programm der 30er und 40er Jahre zählen wiederum Löffelbagger, Eimerkettenförderer sowie ein großer Handhebel-Löffelbagger auf Kufen und hydraulische Kipp-Lkw „zum Draufsitzen".

Mächtige, wenig bekannte Stahlspielzeuge verlassen in den späten 40er und frühen 50er Jahren auch die kanadische Lincoln Specialties Ltd. Das Programm beinhaltet Löffelbagger, Lkw-Kipper, Krane, Scraper und Grader, von denen leider oft die Vorbilder nicht zweifelsfrei identifizierbar sind (Bild 97).

Die amerikanische Firma Structo zeigt in ihrem Katalog von 1935 ein Lkw-Chassis mit aufgesetztem Hochlöffel-Dampfbagger (…gab es so etwas je im Vorbild?), batteriegespeisten Frontscheinwerfern, kleinem Kippanhänger und zusätzlicher Handschaufel, vielleicht, falls einmal der Dampf ausgehen sollte. Mit Anhänger ist der Bagger 74 cm lang.

Ab den späten 40er Jahren wird in den Vereinigten Staaten Baumaschinengeschichte in Stahl geformt: 1940 entschließen sich der junge Amerikaner Charles Doepke und sein Bruder Fred, den Schritt in die Selbständigkeit zu wagen. Ursprünglich sollen Werkzeuge produziert und Metallarbeiten ausgeführt werden, doch nach dem Kriegsende schlägt Fred Doepke vor, Spielzeug-Baumaschinen zu fertigen – er sah solche Riesen während des Krieges „Dschungel in Flugfelder umwandeln".

So wurde ein Scraper des US-Herstellers Wooldridge namens Terra-Cobra gewählt und ein Holzmodell gebaut. Die Serienproduktion im Maßstab 1:16 erweist sich aber leider aufgrund der vielen Seilzüge und beweglichen Teile als zu umständlich und teuer, so daß ein Bodenentleerer mit identischem Zugkopf gewählt wird (Bild 98).

Bild 98: 1946 erschien im Maßstab 1:16 der 64 cm lange und fast 5 kg schwere Wooldridge-Terra-Cobra-Bodenentleerer aus gewalzten Stahlblechen. Originelle 1:87-Kopien begegnen uns 1960 bei Bild 242.

Bild 100: Der große Jaeger-Betonmischer von Doepke war voll funktionstüchtig; die drehbare Trommel war sogar über eine mittels Seilzug hebbare Ladevorrichtung zu beschicken.

Diese Stahlspielzeuge bilden die erste Gruppe von Werbemodellen. Bekannte amerikanische Baumaschinenhersteller wie Adams, Barber-Greene, Unit und Wooldridge autorisieren zwischen 1946 und 1948 Doepke, die großen Stahlspielzeuge mit entsprechenden Markennamen zu versehen (Bild 99). Die mächtigen Baumaschinen „en miniature“ sind willkommene Präsente für manchen Baumaschinenhändler und -verkäufer, falls beispielsweise Weihnachten vor der Tür steht.

Bild 101: 66 cm langes und 6,4 kg wiegendes Doepke-Stahlmodell des Graders No. 512 der US-Firma J. D. Adams von 1948; die Schar wird über große Stahlhebel in beliebige Richtungen bewegt.

Bild 99: Das Vorbild des Barber-Greene-Laders 82-A von Doepke konnte 2,3 m³/min fördern; Schnecke und Becherförderer, Kettenantrieb und Metallraupen zeichnen das 46 cm hohe Stahlmodell aus.

Doepke präsentiert 1947 einen 38 cm langen und 3,1 kg schweren Betonmischer von Jaeger auf Goodyear-Reifen (Bild 100). Jahr für Jahr folgen weitere Nachbildungen echter Baumaschinen, die ein Vierteljahrhundert später wahre Klassiker werden sollen (Bilder 101, 102). Doepke wird Scharen begeisterter kleiner Amerikaner und uns mit seinen vortrefflichen Riesenmodellen in die 50er Jahre begleiten; seine Nachahmer werden ebenfalls nicht schlecht arbeiten.

Bild 102: Halb so groß wie ein fünfjähriger Junge – 56 cm hoch reicht die Auslegerspitze des Unit 357 von Doepke, des wohl ersten Modells einer als neuartigem Mobilbagger und -kran konzipierten Baumaschine.

Bild 103: Dieser fabelhaft erhaltene Tri-Ang-Löffelbagger wird von einigen kundigen Sammlern als ein englischer Rapier-Bagger eingeschätzt.

Auch in England entstehen erste schwere Stahlungetüme für Kinder: Von Lines Bros. wird unter dem Markennamen Tri-Ang ein großer, sandkistentauglicher Raupen-Löffelbagger aus Stahlblech vorgestellt (Bild 103).

Kein solider Stahl, sondern leider sich mit den Jahren verformender Kunststoff bildet das Rohmaterial für frühe Caterpillar-Werbemodelle von 1947 (Bild 104). Hier zieht sich ein verbindender Faden zu einem der legendärsten Namen bei Baumaschinen-Werbemodellen: Reuhl. Cruver vermarktet die Caterpillar D7 als Bausatz, Reuhl fertigt und montiert die Bausätze und verkauft sie unter eigenem Namen. Ein passender Caterpillar-Anhängescraper des Typs No. 70 ist ebenfalls erhältlich. Den Werdegang der qualitativ äußerst hochwertigen Reuhl-Modelle lernen wir im kommenden Jahrzehnt kennen.

Bild 104: Auch wenn sich bei der Cat D7 im Maßstab 1:24 von Cruver/Reuhl oft die Motorhaube verformte, bot sie doch erstmals reichhaltige Details, die auch die starren Raupenketten beinhalteten.

Lehr- und technische Modelle

In den 30er und 40er Jahren entwickeln sich Baumaschinen rasant, nicht zuletzt dank der genialen Einfälle des Amerikaners Robert Gilmour LeTourneau. Damit seine außergewöhnlichen Konstruktionen auch richtig verstanden und bedient werden, besonders während des Krieges die Bulldozer, Scraper, Krane und Transporter, schlägt Service Training Manager „Army“ Armstrong 1942 vor, für Ausbildungszwecke nicht nur Dias und Fotos zu verwenden, sondern auch Maßstabsmodelle.

Auf diese Weise entstehen in großen Maßstäben wunderschöne Modelle einer Cat D7, eines Aufreißers Modell H, eines Carryall-Scrapers, eines 20-t-Kranes – sämtlich ein halbes Jahrhundert später im LeTourneau College in Longview, Texas, zu besichtigen. Schon in den 30er Jahren arbeitete R. G. LeTourneau intensiv mit werbewirksamen Großmodellen (Bild 105).

Bild 105: Der Pionier des gleislosen Erdbaus, der Amerikaner R. G. LeTourneau (rechts), mit einem Kollegen 1939 neben einem 2,29 m großen Reifen und hinter einem 1:4-Modell eines Carryall-Anhängescrapers.

Bild 108: Beim französischen Baumaschinenhersteller Richier gab es einen Mann, der feine Maßstabsmodelle aller neuen Maschinen baute – heute zieren sie das Musée des Arts et Métiers in Paris.

Anderswo werden auch bemerkenswerte Baumaschinenmodelle gebaut, zumal die fortschrittlichen amerikanischen Entwürfe für die Entwicklung der Infrastrukturen vieler Länder interessant scheinen (Bilder 106, 107). Viele Lehr- und Anschauungsmodelle dieser Jahre gelangen später in Museen, oft jedoch, ohne die baumaschinentechnische Bedeutung der Modelle gebührend zu würdigen.

Bild 106: Großes Funktions-Metallmodell eines russischen Tieflöffelbaggers – vielleicht eine Kopie eines amerikanischen Wilford-Baggers (siehe Bild 78), ausgestellt im St. Petersburger Eisenbahnmuseum.

Ob in diesen Jahren schon Baumaschinenmodelle von begeisterten Mitarbeitern der Hersteller gebaut werden? Meist läßt sich die Entstehungsgeschichte früher Modelle kaum mehr nachvollziehen, so daß ungewiß bleiben wird, ob dieses oder jenes Modell auf Anweisung oder durch Eigeninitiative entstand (Bild 108).

Neue Modelle aus alter Zeit

Wunderbar läßt sich die schwunghafte Entwicklung, die die Baumaschinentechnik in diesen Jahren durchläuft, anhand von Modellen nachvollziehen. Raupenschlepper zählen zu den wichtigsten Maschinen auf den Baustellen der 30er und 40er Jahre. Besonders von Caterpillar-Vorbildern sind Raupenschlepper in verschiedenen Maßstäben und Ausführungen für geschichtsbewußte Modellbauer und Sammler erhältlich (Bilder 109 bis 112).

Bild 107: Elektrisch betriebenes, 40 cm langes Funktionsmodell eines Eimerketten-Grabenbaggers auf Metallraupen aus den späten 30er Jahren.

Bild 109: Die erste dieselgetriebene Baumaschine der Welt war 1931 die Cat „Sixty", hier im Maßstab 1:25 von Conrad mit passendem Schutzdach und Isaacson-Planiereinrichtung von CCM.

Bild 110: Eine andere Cat „Sixty", 5,5 cm klein im Maßstab 1:87 mit LeTourneau-Planierschild von Rio Grande Models, bestens präsentiert von Walter Altmannshofer.

Bild 111: Mit 15 t Gewicht und 90-PS-Diesel war die Caterpillar RD8 1935 die größte und stärkste Raupe; in 1:25 von NZG mit besseren Ketten, LeTourneau-Planierschild und -Aufreißer von Sherwood Model Manufacturing.

Die American Model Builders wählen einen anderen, neben den namhaften Fabrikaten in den Vereinigten Staaten nur wenig bekannten Raupenschlepper als Vorbild für einen detailreichen Resin- und Weißmetallbausatz im Maßstab 1:50 (Bild 113).

Bild 112: Aus dem Dunkel der Vergangenheit – 1930 ist wohl zu früh – erscheint diese RD8 samt LeTourneau-Planiereinrichtung im kleinen Maßstab 1:87 als Weißmetallbausatz von Evergreenhill.

Raupenschlepper schieben und ziehen auf Baustellen fast alles, was nicht festgebunden ist: Planierschilde, Aufreißer, Krane, Walzen, Grader und selbstverständlich auch Scraper (Bild 114). Doch die Zeiten wandeln sich – bei modernen Scrapern wird der Zugtraktor von seinen Raupen befreit und als Einachsschlepper vor den Scraper gekuppelt (Bild 115). Manche Hersteller mögen solch wagemutigem Fortschritt nicht glauben und vertrauen lieber auf bewährte, vielseitig nutzbare Zugfahrzeuge vor Scrapern und Bodenentleerern (Bild 116).

Bild 113: Als Opfer schwerer Zeiten stellte die US-Firma Bates 1937 ihre Produktion ein. Dieser 1:50-Bausatz, das einzige Bates-Modell auf dem Markt, erinnert an diese Planierraupen der 30er Jahre.

Bild 114: Eine International TD-18A zieht einen seilbetätigten 10-cu.yd.-Anhängescraper von Bucyrus-Erie; beides im Maßstab 1:50 als Modelle von ATM.

Bild 117: An einen Meilenstein im Graderbau erinnert Ad Gevers im Maßstab 1:50 mit seinem detailgetreuen Eigenbau des Auto Patrol No. 7 von Caterpillar aus dem Jahre 1931.

Bild 115: Aus Holz und Stahl baute Ron Kentron den Tournapull Super C von LeTourneau im Maßstab 1:16; perfekt spiegelt das Modell den Charme der alten Scraper.

Eine bemerkenswerte Entwicklung erfahren in diesen Jahrzehnten auch die nicht minder bedeutenden Grader. Bei ihnen verbinden sich Zugtraktor und Anhängegrader zum Motor-Grader (Bild 117). Wenig später werden die Vorteile der dreiachsigen Bauweise erkannt: Beim Überfahren von Unebenheiten hebt sich dank der hinteren Tandemachsen die Schar nur unwesentlich (Bild 118). Dicht hinter den Gradern folgen bereits erste spezielle Straßenbaumaschinen (Bild 119).

Bild 116: Die Euclid-Zugmaschinen des Typs TDT (ATM, 1:50) konnten vor 13-m³-Bodenentleerer oder Scraper gespannt werden. Gut beobachtet: Der Scraperfahrer mit zünftigem Cowboyhut blickt nach hinten in den Kübel!

Bild 118: Bis ins kleinste Detail wurde der 1:87-Weißmetallbausatz des Caterpillar No. 12 Auto Patrol von Woodland Scenics durch Walter Altmannshofer verfeinert.

Was wäre ein historischer Rückblick ohne Bagger? In vielfältiger Gestalt beobachten wir sie auf den Baustellen. Seltener werden nun die Skimmer oder

Bild 119: Ron Coens baute das 1:76-Modell eines Barber-Greene-Deckenfertigers; der Weißmetallbausatz stammte ursprünglich von Scalecast und wird nun von Langley Miniature Models in England produziert.

Planierbagger (Bild 120), häufiger hingegen die noch ungewohnten, hochmodernen Tieflöffelbagger (Bild 121). Bagger, die mobiler als ihre gemächlichen Brüder auf Raupen sein sollen, eilen auf Lkw-Chassis zu ihren Einsätzen (Bild 122).

Bild 120: Ruston-Bucyrus 19-RB, hier im Maßstab 1:76 als Weißmetallbausatz mit vielen Einzelheiten und einer seltenen Skimmer-Ausrüstung (Planierbagger) von Langley Miniature Models.

Bild 121: Auf vielen Baustellen heimisch war der Insley „K". Staunend betrachten Arbeiter und Passanten die erst in den 30er Jahren bekannter werdende Tieflöffelausrüstung – von Woodland Scenics in 1:87.

Bild 123: Eindrucksvoll ist im Maßstab 1:50 der Rapier 940 aus den 30er Jahren von ATM. Im Oberwagen – Blechverkleidung auf einem Holzrahmen – wurden die Winden schon über eine Ward-Leonard-Schaltung gesteuert.

Größer und größer werden Bagger, besonders diejenigen für Steinbruch und Tagebau, und immer ausgefeilter ihre zumeist elektrischen Antriebe (Bild 123). Ihre Vorteile gegenüber Raupenbaggern zeigen Schreitbagger, die mit ihren weit reichenden Schleppschaufeln überall auf der Welt Kanäle und andere tiefe Einschnitte ausheben oder Rohstoffe freilegen und abtragen (Bilder 124, 125).

Manche Bagger schreiben Geschichte, so der ab 1934 in nur fünf Exemplaren gebaute Schreitbagger Bucyrus-Monighan 10-W. Der letzte 10-W gelangt 1939 nach Deutschland in die Reichswerke des Erzbergbaus Salzgitter. Um das Vergangene festzuhalten, sucht der Amerikaner Walter Bennett 1967 einen erhaltenen 10-W, zeichnet zwei Jahre lang Pläne und macht mehr als 5.000 Fotos, um nach 14jähriger Modellbauarbeit einen solchen Bagger funktionstüchtig im Maßstab 1:32 in seinem Keller unterzubringen (Bild 126).

Bild 122: Mobilbagger der 40er Jahre von Sheepscot Scale Products im Maßstab 1:87 (H0): Bucyrus-Erie 15-B, hier mit Schrottmagnet, auf dreiachsigem Lkw-Chassis.

Bild 124: Eines der größten im Handel erhältlichen Maßstabsmodelle dürfte der im Maßstab 1:48 fast 88 cm lange Schreitbagger Marion 7200 von Classic Construction Models (CCM) sein.

Bild 125: Dieser im englischen Kohletagebau der 40er Jahre eingesetzte Rapier-Schreitbagger wurde von David Wootton bis ins letzte Detail und in allen Funktionen ferngesteuert nachgebaut.

Bild 126: 1,3 m lang ist der Ausleger und 57 kg wiegt das Messing-Maschinenhaus des ferngesteuerten Bucyrus-Monighan 10-W von Walter Bennett; sogar Beleuchtung und Fahrerstand wurden präzise nachgebaut.

Wie bei den Spielzeugen dieser beiden Jahrzehnte, so suchen wir auch bei den historischen Modellen oft vergeblich nach den wohlvertrauten Dampfkesseln und Schornsteinen. Ja, eine neue Zeit bricht an, und das von nachfolgenden Generationen als gemütlich betrachtete Dampfzeitalter neigt sich unwiederbringlich seinem Ende zu. Reisen wir also ohne Wehmut ins nächste Jahrzehnt zu den modernen Baumaschinen der Neuzeit!

IV.

50er Jahre

Damals wunderbares Spielzeug – heute historische Modelle

Die 50er Jahre sind die Wende zu einer neuen Zeit, sind eine Zeit des Aufbruchs in die „schöne neue Welt" der Technik, des Massenkonsums und des Luxus, der die zweite Hälfte unseres Jahrhunderts prägen wird. Zeitungen und Zeitschriften platzen ob all der euphorischen Zukunftsvisionen, neue Technik spielt dabei stets eine entscheidende Rolle (Bild 127). Aus der Asche der alten, zerstörten Welt soll wie ein Phönix das neue Traumreich entstehen…

Bild 128: Drei kleine Schweden freuen sich über ihren modernen LeTourneau-Tournarocker, dessen Vorbild im Eisenerztagebau von Kirkenes hilft, den unersättlichen Rohstoffhunger der neuen Zeit zu stillen.

Bild 127: Moderne Technik und strahlende, adrett gekleidete Jungs auf einer Budgie-Toys-Geschenkpackung; davor ein Foden FC 27 in 1:76 und ein International-Tieflader mit einer Cat D8 in 1:80.

Im Nachkriegseuropa wird aufgebaut, amerikanische Baumaschinen spielen dabei eine maßgebliche Rolle. In Nord- und Südamerika wird mit Feuereifer am Ausbau der Infrastrukturen gearbeitet. Diesem globalen Bauboom entsprechend, brechen goldene Jahrzehnte für Baumaschinenhersteller an – und für Kinder, die nun mit kleinen Baumaschinen aller Art und Größe auf die Gestalt annehmenden Traumwelten ihrer Eltern vorbereitet werden (Bild 128).

Das Zeitalter des Massenkonsums bricht an. Bei diesen Worten werden unsere Gedanken wie von selbst in Richtung Asien gelenkt. Dort weckt eine kleine Nachricht unsere Aufmerksamkeit: 1959 erblicken die ersten japanischen Modellautos das Licht der Welt. Im Maßstab 1:42 produziert die Asahi Toy Manufacturing Co. allerlei Pkw, denen – dann von anderen Herstellern – in ein oder zwei Jahrzehnten ganze Scharen schöner Baumaschinen folgen werden.

Große Werbung für große Maschinen

Die bedeutenden amerikanischen Baumaschinenhersteller realisieren, daß ihre Maschinen eine eigene Industrie darstellen, bemerken also die Abkehr von abgewandelten Produkten aus der Landwirtschaft, von der Hofschmiede und von Kleinserien. Geeignete Werbemittel sind

Bild 129: Der ab 1948 gebaute Heiliner-Scraper des US-Herstellers Heil – hier das mächtige Doepke-Modell von 1951 – war die Basis der PayScraper-Baureihe von International Harvester.

Bild 130: 1952 brachte Doepke die 1:12-Nachbildung der Cat D6 auf den Markt, ein 3,2 kg wiegendes Modell mit Handhebel für den Planierschild, einzelnen Kettengliedern – und sogar federbetätigtem Kettenspanner!

gefragt, und was bietet sich besser an als präzise Miniaturen der mächtigen Vorbilder?

So entstehen nun große, schwere Werbemodelle als Spielzeuge, die den Charakter ihrer Vorbilder bestens wiedergeben. Adams, Allis-Chalmers, Caterpillar, Euclid, Hough, International Harvester und LeTourneau präsentieren ihre Spielzeug-Werbemodelle zunächst stets in den Maßstäben 1:12 bis 1:24 – sie sind bis zu 7 kg schwer und 74 cm lang (Bild 129).

Die Rolle der faszinierenden Buddy-„L"-Stahlbaumaschinen übernehmen nun zweifellos die imposanten Doepke-Stahlmodelle – leider nur bis 1959 (Bilder 130, 131). Denn obwohl im neuen Werk jährlich rund 300.000 der massiven Spielzeuge produziert werden, schließt Charles W. Doepke seine Fabrik – so wird berichtet –, um nicht Spielzeug minderer Qualität herstellen zu müssen, das gegenüber der Flut der in den späten 50er Jahren nach Amerika importierten Spielwaren konkurrenzfähig sein soll.

Trefflich wird der amerikanische Spielzeughistoriker Neil McElwee 1988 über Doepke schreiben: „Das Schließen der Werkstore ist unser großer Verlust. Ein hoher Gütestandard, der über ein Jahrzehnt gehalten wurde, verschwand. Nimm dies einer beliebigen Kultur, und sie verliert. Kein amerikanischer oder fremder Spielzeughersteller brachte jemals eine bessere Reihe in Massen produzierter Spielwaren hervor als die Doepke Model Toys. Bravo. Gut gemacht. Danke."

Bild 131: Urahn der berühmten Euclid-Muldenkipper: 69 cm langer, 5 kg schwerer stählerner Euclid-Bodenentleerer von Doepke mit Lenkung und zu öffnenden Bodenklappen aus dem Jahre 1950.

Harter Wettbewerb, der späteren Freunden dicker alter Maschinen viele schöne Modelle bescheren wird, erwächst Doepke auch ab 1951 durch die ersten stählernen Baumaschinen der amerikanischen Firma Nylint (Bild 132). Ursprünglich wurde Nylint schon 1937 gegründet: Der gelernte Werkzeugmacher Bernard C. Klint borgte sich damals von seinem Onkel David Nyberg Geld, kaufte einige Gerätschaften und begann in seiner Freizeit im Keller seines Hauses die Produktion von Küchenzubehör. Der Firmenname Nylint entstand aus Nyberg und Klint.

Bild 133: Der in Europa nahezu unbekannte US-Baumaschinenhersteller Pettibone Mulliken autorisierte Nylint 1954 zur Herstellung des funktionstüchtigen und lenkbaren Schwenkladers Speed Swing.

Bild 132: Erste Baumaschine von Nylint war 1951 der 46 cm lange Tournarocker von LeTourneau, hier zusammen mit der späteren Version mit Fahrerhaus und dem 76 cm langen Adams-Travelloader von 1953.

Wie Doepke so holt auch Nylint für die ersten großen Baumaschinen Genehmigungen ein, Markennamen und Typenbezeichnungen bekannter Baumaschinen verwenden zu dürfen. Dies führt dazu, daß viele der Stahlgiganten zu Werbezwecken genutzt werden (siehe Bild 12). Dazu gehören so namhafte Marken wie Adams, Austin-Western, International Harvester, LeTourneau, Michigan und Pettibone (Bilder 133 bis 136).

Weitere stählerne Baumaschinen, allerdings nicht so wuchtig, nicht so schön und nicht so sorgsam nachgebildet, fertigt die US-Firma Structo Manufacturing Co. aus Illinois. Andere Spielzeuge werden schon seit 1907 produziert. Zwar nicht vom Hersteller als Modelle autorisiert, verdienen dennoch drei Structo-Maschinen im Maßstab 1:16 Beachtung, denn sie haben zweifellos LeTourneau-

Bild 134: Der 16 t ladende LeTourneau-Tournahopper war auf vielen Erdbaustellen fleißig und wurde von Nylint ab 1952 als 57 cm langes Stahlmodell gebaut; der Hebel über der Hinterachse öffnete die Bodenklappen.

Bild 135: Im südamerikanischen Dschungel birgt ein samt ausgezogener Rampe 1,05 m langer Tournahauler mit seiner Winde einen havarierten Tournadozer – Stahlspielzeuge von Nylint im heimischen Garten.

Bild 136: Der funktionsfähige und allradgelenkte Nylint-Mobilkran von 1957 veranschaulicht, wie Austin-Western mit kompakten Teleskopkranen weltweit die Kranindustrie revolutionierte.

Bild 137: Die amerikanische Firma Structo sorgte für das einzige zeitgenössische Spielzeugmodell von einem der berühmten Tournapull-Scraper von R. G. LeTourneau, hinter dem 15-t-Bodenentleerer stehend.

Baumaschinen als Vorbilder, so einen 26,5-cu.yd.-Scraper – das entspricht 20 m³ Kübelinhalt (Bild 137). Der Hinterkipper heißt – ähnlich wie der Tournarocker – sogar Structo Rocker. Die gesamte Spielzeugproduktion wird 1974 an die Ertl Co. verkauft werden.

Im vergangenen Kapitel bereits angekündigt, kommen wir nun zu einem Namen, der ein halbes Jahrhundert bei vielen Modellsammlern nahezu magisch klingen wird: Reuhl. Bis zur Schließung des Werkes werden Reuhl-Spielzeuge ein Synonym für Qualität und hochwertige Maßstabsmodelle sein (Bild 138).

Viele herrliche Baumaschinenmodelle würde die Welt nicht kennen, wäre Andy Reul nicht über lange Zeit unzufrieden mit seinem Leben gewesen. Er graduierte 1934 an der Universität von Wisconsin, ohne jemals Rechtswissenschaften zu praktizieren. Nach verschiedenen Jobs bei einer Fluggesellschaft und der Getränkesteuerstelle übernimmt er den Landmaschinenhandel seines Vaters. Trotz aufblühender Geschäfte nicht zufrieden, zieht Reul nach Madison in Wisconsin, baut Spielzeugboote und testet sie in der Badewanne – mit dem Ziel, daß den verbreiteten Modellflugzeugmotoren ein neues Anwendungsfeld zukäme.

Nach vielen Bemühungen ist es endlich möglich, den großen Bootsaufbau – eine Innovation – in einem Stück aus Bakelit zu produzieren. Dem Namen wird zwecks besserer Aussprache ein „h“ zugefügt, und die Reuhl Products Inc. nimmt die Spielzeugproduktion auf. Während des zweiten Weltkrieges muß sie zeitweise unterbrochen werden, setzt 1945 aber wieder voll ein. Nach wundersamen Motor- und Segelbooten und Rennwagen folgen erste Plastikmodelle von Traktoren und Baumaschinen (siehe Bild 104).

Bild 138: Die vielleicht schönsten Caterpillar-Werbemodelle stammen von Reuhl, hier eine D7 mit Aufreißer No. 18 im Maßstab 1:24. Der Schild war über einen Hebel am Fahrersitz zu heben und senken.

Bild 139: Schade, daß nur wenige dabei sein können: Ein dahinbrausender Cat DW10 mit Scraper No. 10 von Reuhl begegnet auf breiter Piste einem Cat-Grader No. 12, ursprünglich von Reuhl, hier von Eska/Ertl.

Die Verbindung mit dem Baumaschinengiganten Caterpillar begann durch einen Zufall: Ein Bekannter Andy Reuls zeigt sich ob der Qualität der Reuhl-Modelle außerordentlich beeindruckt und knüpft einen Kontakt zu Caterpillars Werbeabteilung. So entstehen die ein halbes Jahrhundert später von vielen Sammlern bewunderten Reuhl-Werbemodelle im Maßstab 1:24 (Bild 139).

30.000 Exemplare des Kettendozers Cat D7, 10.000 der Zugmaschine Cat DW10 mit Scraper werden produziert. Trotz dieser Mengen verschwinden die meisten nach harten Einsätzen irgendwo in namenlosen amerikanischen Sandkisten. 1951, nach einem Firmenumzug, arbeiten schon 45 Angestellte für

Bild 140: Sämtliche Baggerfunktionen, sogar der Seil-Vorschub des Löffelstiels, waren mit Kurbeln beim Lorain TL 25 von Reuhl nachvollziehbar, der hier im passenden Maßstab 1:24 einen Plastik-Euclid unbekannten Fabrikates belädt.

Reul. Durch einen weiteren Vertrag mit der Thew Shovel Co. aus Lorain in Ohio werden 10.000 Stück des wohl weltweit berühmtesten Seilbaggermodells hergestellt (Bild 140), gefolgt vom mächtigen Pitmaster-Mobilbrecher für Iowa Manufacturing, später Cedarrapids (Bild 141).

Bild 141: Aus mehr als 200 Teilen bestand die samt Bändern und Sieben voll funktionstüchtige Brecher- und Siebanlage Cedarrapids Pitmaster in 1:24 von Reuhl als wohl bestes Brechermodell aller Zeiten.

99 Prozent der Caterpillar-Modelle gelangen an Baumaschinen-Händler, nur ein verschwindend kleiner Teil in den freien Spielzeughandel. Der Grader No. 12 ist das letzte Caterpillar-Modell von Reuhl (Bild 139). Nach Schwierigkeiten in der Produktion trennen sich Cat und Reuhl; neue Eigner des Landmaschinenherstellers Massey-Harris beenden die Modellproduktion – 1958 schließt Andy Reul sein Werk.

Bild 142: In weniger reicher Detaillierung als bei Reuhl führte Ertl die Produktion der Cat-Werbemodelle weiter; hier in 1:24 die D6 mit Kühlerrippen anstelle des späteren Lochrasters.

Bild 143: Noch erkannten die Maschinenhersteller die Bedeutung der Bauindustrie kaum, so daß das 1:16-Modell der A-C HD-5 mit einem Planierschild der Zulieferfirma Baker ausgestattet war.

Ende der 50er Jahre wandern die Gußformen einiger Caterpillar-Modelle von Reuhl zur Ertl Co. nach Dyersville in Iowa – wir hörten von Fred Ertl schon im vergangenen Kapitel. Nach Modifikationen werden diese 1:24-Modelle unter dem Markennamen Eska bis in die 60er Jahre weiter produziert. Schöne Cat-Planierraupen im Maßstab 1:24 werden auch von Ertl selbst gefertigt (Bild 142). 1954 bringt Ertl die John-Deere-Raupe Modell 40 in 1:16 heraus, ein Planierschild ist zusätzlich erhältlich.

Bild 144: Im ausreichend großen Maßstab 1:16 vermittelte auch Plastik die Stärke und Kraft von „Big Red", der IHC TD-24, die 133 PS stark war und samt Schild 17 t wog.

Eine US-Firma mit dem bedeutungsvollen Namen Product Miniature Corp. wandelt für den US-Markt auf ungewohnten Pfaden und präsentiert 1955 im typischen Maßstab 1:16 den Allis-Chalmers-Raupenschlepper HD-5 aus dem untypischen Material Plastik (Bild 143). Eindrucksvoller ist im gleichen Maßstab die in Werksfarben aus feuerrotem Plastik gefertigte TD-24 von International Harvester, die damals größte Planierraupe der Welt – zweifellos ein Stück Technikgeschichte (Bild 144). Der Schwenk-Planierschild ist mittels Schraubgewinde höhenverstellbar. Eine ferngesteuerte Version mit Elektromotoren läßt Kinderherzen und fast ein halbes Jahrhundert später Sammlerherzen höher schlagen.

Winzig – Werbemodelle oder Spielzeug?

Daß die amerikanischen Riesen recht unhandliche Werbemittel darstellen, mag Anlaß zu einer gänzlich anderen Entwicklung gegeben haben. In Italien beginnt die Firma Mercury Ende der 50er Jahre, Zinkdruckgußmodelle von US-Baumaschinen in winzigen Maßstäben von 1:90 bis 1:135 zu produzieren (Bild 145).

Bild 145: 10 cm lang ist das 1:82-Modell des Austin-Western „Super" mit Lenkung und hinterem Tandemachsen-Drehschemel, das des Cat-Graders No. 12 in 1:130 (hinten rechts neben dem Cat No. 12 in 1:87) sogar nur 5,9 cm.

Bild 146: Im ungefähren H0-Maßstab 1:87 produzierte Mercury die riesige Allis-Chalmers HD-21; trotz der winzigen Größe von 6,2 cm verfügte sie über viele feine Details.

Das bewundernswerte an der Mercury-Modellreihe ist, daß sie viele auch ungewöhnliche, in einigen Jahrzehnten besonders in Europa längst vergessene Typen umfaßt, die die Baustellen dieser Zeit prägen, wie beispielsweise Austin-Western-Grader und -Walzen, Autocar-Muldenkipper, Gradall-Teleskopbagger, Lima-Löffelbagger, Euclid-Radlader und -Dozer und Lorain-Autokrane (Bilder 146 bis 150). Viele der Vorbilder bieten außergewöhnliche technische Merkmale wie 4-in-1-Mehrzweckschaufel, Knicklenkung beim Radlader und Allradlenkung beim Grader.

Bild 147: Aus dem Mercury-Baumaschinenprogramm: oben Warner & Swasey-Gradall-Teleskopbagger (1:95) und Lorain-Moto-Crane MC 550 (1:100), unten International-„Diesel"-Bulldozer und International mit Drott 4-in-1-Schaufel (beide 1:90).

Bild 148: Die kleine Austin-Western-Dreiradwalze, eines der gesuchtesten Mercury-Modelle, hatte drei Vibrationsplatten am Heck zur bedarfsweisen Erhöhung der Verdichtungswirkung.

Bild 149: Vorbildlich detailgetreu waren der Michigan-Radlader 375A und der -Raddozer 380, beide noch mit Starrahmen, im Maßstab 1:120 und sogar mit gelben Ringen auf den 6 mm kleinen blauen Felgen.

Bild 150: Das erste Spielzeugmodell eines großen Steinbruch- und Tagebaubaggers war der Lima 2400 von Mercury im Maßstab 1:130; der Hochlöffel konnte mittels Kurbel bewegt werden.

Wenig wird später über die Beweggründe für die Produktion einer solchen Modellreihe und die Kontakte von Mercury zu amerikanischen Baumaschinenherstellern bekannt sein; vielleicht hilft die Gründung der Mercury Toy Corp. im US-Bundesstaat New York. Sicher ist jedoch, daß viele der Mercury-Miniaturen über die Händler amerikanischer Baumaschinenmarken an europäische Kunden als Werbegeschenke vergeben werden (Bild 151).

Bild 151: Ein imaginäres Euclid-Museum mit Mercury-Miniaturen: Muldenkipper R-62 und Scraper TS-24 (beide 1:135), Radlader L-30 – bereits knickgelenkt! – (1:100) und Planierraupe C-6 (1:90).

Zahlreiche der später sehr kostbaren, mit feinster Präzision bestechenden Miniaturen gelangen auf den nordamerikanischen Markt, oft unter dem Markennamen Lit'l Toy (Bild 152). Mit veränderten Gußformen, Details und Rädern werden uns die Modelle in schlechterer Qualität in den 60er Jahren unter Lit'l Toy, Mini-Dinky und Universal erneut begegnen.

Bild 152: Außer dem AP-25 (links) produzierte die Autocar Division der White Motor Co. 1958 den dreiachsigen AP-40, den weltgrößten Einmotorenkipper – und Mercury das 1:118-Modell (Mitte); rechts ein degenerierter AP-40 aus späterer Fertigung.

Die Mercury-Baumaschinen werden – wie die 1:43-Mercury-Autos – in den 50er und 60er Jahren auch in einigen Ländern Europas in Spielwarenläden angeboten. Handelt es sich bei den gefragten Minibaumaschinen also um Werbemodelle oder um Spielzeug (Bild 153)? Vielleicht sollten wir den Trennungsstrich gar nicht so scharf ziehen…

Bild 153: Abstieg eines Juwels im Maßstab 1:130: 475-PS-Scraper Michigan 310 mit feiner Typen- und Namensgravur, darunter mit geänderter Form, schmalem Kübel und flachen Felgen als Lit'l Toy, mit Plastikfelgen und verdrehter „310"-Gravur von Mini-Dinky und mit entfernten Gravuren von Universal.

Handliche Baumaschinen zum Spielen

Damit Kinder mit ihren kleinen Baumaschinen vernünftig spielen können, wäre es vielleicht ratsam, sich ein wenig von den Extremen zu entfernen und Kinderhände weder mit kiloschweren Monstern zu belasten noch mit fragilen Winzlingen zu überfordern. Schön wären Spielzeugbaumaschinen mittlerer Größe, und prompt erhalten wir auch einige (Bilder 154, 155).

Ein neues Material revolutioniert nun die Spielzeugindustrie und führt direkt zu den sogenannten „Modellen“: Plastik. Auf breiter Basis wird es, abgesehen von vereinzelten Bakelit-Spielzeugen vor dem zweiten Weltkrieg, zuerst in den Vereinigten Staaten genutzt, und zwar ab 1948 für kleine Teile wie Räder und Lampen bei Holzbausätzen. Wenige Jahre später kommen die ersten Polystyren-„Modell“-Bausätze auf den Markt und werden umgehend ein großer Erfolg.

Bild 154: Im ungewöhnlichen, aber handlichen Maßstab von 1:52 brachte der bekannte amerikanische Spielzeughersteller Tootsie Toys ein Druckgußmodell einer Caterpillar D7 heraus, rechts ein späterer, unechter Nachfolger aus Plastik.

Amerikanische Firmen wie Revell und Hubley präsentieren Plastik-Baumaschinen, wobei noch deutlich das Spielzeug und weniger das Modell im Vordergrund steht (Bild 156). Kleine Plastik-Pkw und -Lkw im H0-Maßstab sind dort jedoch noch praktisch unbekannt, die wenigen von Varney ausgenommen. Wie sich Spielzeuge der Maßstäbe 1:60 bis 1:80 von der Masse unterscheiden, unterstreicht Hubley mit der Bezeichnung „Tiny Toys“ für eine neue Serie (Bild 157).

Bild 155: Ist es ein Spielzeug? Oder ein 1:43-Druckgußmodell einer Planierraupe Allis-Chalmers HD-15? Sammler sind sich nicht einig, was Hubley beabsichtigte – schön sind Raupe und Fahrerin in jedem Fall!

Bild 156: Auch der Plastikbausatzhersteller Revell lieferte einmal schöne Baumaschinen im Maßstab 1:43 – oben ein Bodenentleerer mit Cat-Traktor DW20, unten ein Scraper mit damals neuer Einachs-Zugmaschine Cat DW21.

Bild 157: Moderner Hochleistungs-Erdbau von Hubley Tiny Toys mit Scraper B-Pull Fullpak (1:80), Haulpak 32 (1:67) und Raddozer B-Pull (1:60) von LeTourneau-Westinghouse.

Bild 158: Muldenkippergeschichte von Matchbox: früher Euclid-Quarry-Truck in 1:120 noch mit einseitig abgeflachten Nagelachsen, größerer Euclid-Quarry-Truck in 1:108, Muir-Hill-Dumper in 1:86 (von rechts).

Bild 159: Matchbox produzierte viele wunderschöne Baumaschinen wie den Ruston Bucyrus 22-RB im Maßstab 1:92 mit vorbildgetreuen Abziehbildern und die erste Version der Cat D8 im Maßstab 1:102.

Bild 160: Erstes Modell der neuen „Major Packs“ von Matchbox war der im englischen Katalog nicht ganz präzise als „Caterpillar Earth Remover“ bezeichnete Cat DW20 im Maßstab 1:125.

Die Europäer sind gewohnt, in kleineren Dimensionen zu denken, und so beginnt 1953 in England die Lesney Products & Co., sich mit ihren kleinen Matchbox-Modellen in einheitlicher Streichholzschachtelgröße – und daher leider in sehr uneinheitlichen Maßstäben – einen großen Ruf bei Kindern und Eltern zu erarbeiten (Bilder 158, 159).

1957 stellt Lesney im Rahmen der neuen Reihe „Major Packs“, die etwas größer als die üblichen Matchbox-Autos sind, einen knapp elf Zentimeter langen, detaillierten Cat DW20 mit Scraper vor (Bild 160). Der DW20 bildet den Auftakt einer breiten Palette durchaus sammelwürdiger Caterpillar-Miniaturen im Maßstabsbereich 1:100 bis 1:130 – nicht nur von Matchbox.

Der englische Hersteller Impy bereichert die Spielwarenläden zwar um schöne Pkw und Lkw, scheint aber leider um die Nachbildungen von Baumaschinen einen Bogen zu schlagen. Nur wenige, dafür jedoch umso interessantere Baumaschinenmodelle werden von Impy produziert (Bilder 161, 162). Unter dem Markennamen „Pee Wee Motors“ und mit einem Teufelchen-Logo gelangen Impy-Modelle auch in amerikanische Spielwarenläden.

Bild 161: Weder als Euclid TC-12 noch als Terex 82-80, sondern als Euclid 82-80 bezeichnete Impy das hübsche kleine Modell des legendären Raupenschleppers im Maßstab 1:90 – leider ohne Planierschild.

Bild 162: Den fortschrittlichen Austin-Western-Teleskopkran 220 von Baldwin-Lima-Hamilton (BLH) gestaltete Impy in der Serie Lone Star im H0-Maßstab als sorgfältig detailliertes Spielzeug.

Die deutsche Firma Wiking gilt als ältester und größter Hersteller von Modellen im Maßstab 1:87. Schon 1955 heißt es im Katalogblättchen: „Wiking-Verkehrs-Modelle für neue Sammler-Freunde, zahlende Eltern, schenkende Onkel, Tanten und sonstige Anverwandte. ‚Alte Wikinger' lesen gleich unten weiter." – Etwas schwer tut man sich jedoch mit den kleinen Maßstäben. Es gibt zwar H0, doch wird dies noch mit annähernd 1:90 gleichgesetzt. So produziert Wiking vorerst in 1:90, ebenso Schuco die Piccolo-Reihe und Roskopf sogar – wie Wiking anfänglich – in 1:100.

Fast echte Baumaschinen für die Kinder Europas

Gut beginnen die 50er Jahre für englische Kinder, denn bei einigen brachte der Weihnachtsmann schon das, was erst im Januar 1950 offiziell von Dinky Toys vorgestellt wird: ein zweiachsiger Coles-Mobilkran mit heb- und senkbarem Gittermast, möglicherweise eines der ersten detaillierten Kranmodelle im vergleichsweise „kleinen" Maßstab 1:43 (Bild 163).

Bild 163: „Der echte Coles-Kran kann vor- und zurückfahren, sein Oberteil im vollen Kreis gedreht und der Ausleger für verschiedene Lastradien gehoben und gesenkt werden. Ein Benzin- oder Dieselmotor treibt einen Generator, der für alle Bewegungen Gleichstrom erzeugt", so Dinky Toys 1950 im Meccano-Magazin.

Meccano gilt mit seinen Dinky Toys als Pionier schöner Spielzeugautos und steht im England der 50er Jahre allein an der Spitze (Bilder 164, 165). Doch andere schlafen nicht, und bald erwächst eine starke Zinkdruckguß-Konkurrenz unter europäischen Spielzeugfabrikanten. Die britische Playcraft Toys Ltd. (später Mettoy Playcraft Ltd.) produziert ab 1956 in Wales die nicht minder berühmten, nach einer walisischen Hunderasse benannten Corgi Toys und wirbt gegenüber Matchbox und Dinky Toys mit dem Slogan „die mit Verglasung", was auf den Fortschritt in der Detailqualität der Modellautos hinweist. Verchromte Teile, Federung, vereinzelt auch Lenkung und Beleuchtung treiben den Modellstandard bald vehement höher (Bild 166).

Bild 164: Der Euclid-Muldenkipper von Dinky Toys im Maßstab 1:43, bei dem die Mulde mittels Kurbel zu heben war (links), wurde zum Vorbild für Kopien, so von Benbros (rechts) und Tudor-Rose (oben), beide auch aus England.

Bild 165: Welch ein außergewöhnliches Vorbild wählte Dinky Toys zum Beladen der Muir-Hill-Dumper (rechts von Dinky, vorne von Charbens)? Einen Elevatorlader von Barber-Greene, der hier von einem Blaw-Knox-Bulldozer von Moko beschickt wird.

Bild 166: Corgi Toys stattete die famose Doppelmotorenraupe Euclid TC-12 im Maßstab 1:43 mit Hydraulikzylindern und am Fahrersitz mit einem Hebel aus, der die Schildverstellung ermöglichte.

Bild 168: Euclid-Maschinen wurden in Schottland gefertigt, und so wählten viele englische Spielzeughersteller die grünen Giganten als Vorbilder – auch Budgie Toys bei dem Euclid S-18 im „schrägen" Maßstab 1:73.

Unter mehreren Markennamen – Morestone oder Budgie Toys – produziert die englische Firma Morris & Stone einige wunderbare Baumaschinenmodelle (siehe Bilder 127 und 167, 168). Eines der Modelle wird später einen fast sagenhaften Ruf haben: die Nachbildung des riesigen, nur einmal gebauten Euclid-„Western"-Sattelzuges für 168 t Nutzlast von 1958, des bei weitem größten Muldenkippers seiner Zeit (Bild 169).

Einige europäische Hersteller, besonders Wiking und Siku aus Deutschland, wählen nun Plastik als hervorragendes Material für die Spielzeugproduktion und bemühen sich von Anfang an, den Kindern realistischeres Spielzeug – eigentlich schon Modelle – zu geben als die Amerikaner. Dies mag im nüchternen Realismus begründet sein – die Kinder sollen am Wunder des neuen technischen Zeitalters gebührend teilhaben können.

Bild 167: Ein allseits bekannter Ruston-Bucyrus 10-RB, hier in schöner Lackierung und Beschriftung von Budgie Toys im Maßstab 1:43, überlebte viele harte Einsatzjahre.

Lines Bros. aus England, bekannt für Tri-Ang und Spot-On, wendet sich vom Druckguß ab und dem Stahl zu und stellt in der neuen Spielzeugreihe Minic eine fast 18 cm lange dreirädrige „Dieselwalze" von Aveling Barford vor. Doch Zinkdruckguß ist bei europäischen Spielzeugherstellern unaufhaltsam auf dem Vormarsch (Bild 170). Auch die ersten zaghaften Vorläufer der in rund einem Jahrzehnt einsetzenden 1:50-Werbemodellflut aus Deutschland rollen bereits über kleine Baustellen (Bilder 171, 172).

Mit simplen Spielzeugen sind die diffizilen Maschinen der neuen Zeit jedoch nicht mehr einzufangen. Das Gebot der Stunde verlangt nach realistischen Spielzeugen mit zahlreichen Funktionen wie bei den „Großen" (Bild 173).

Bild 169: Als „Mammoth" bezeichnete Budgie Toys den Euclid-Western-Muldensattelzug auf fünf Achsen im Maßstab 1:75. Leider scheute man den Aufwand für eine vorbildgetreue Zugmaschine und stattete den eigenen Euclid R-30 mit zweiter Hinterachse aus.

Bild 170: Die italienische Firma Mercury, bekannt für winzige Baumaschinenminiaturen, produzierte im Maßstab 1:50 einen schönen Fiorentini-Seilbagger – möglicherweise war dies auch ein Werbemodell.

Bild 171: Die deutsche Firma Georg Adam Mangold (= Gama) wählte 1959 einen eigentümlich geformten Muldenkipper Faun K 20/38V als Vorbild für einen 1:50-Spielzeugkipper.

Bild 172: Strenco, später wie Gescha zu Conrad gehörend, stellte viele Spielzeuge und Modelle her, so diese Zettelmeyer-Walze im Maßstab 1:43 aus Zinkdruckguß.

Spielzeuge und kleine Baumaschinen, die dank ihrer vorbildgetreuen und detaillierten Ausführung zweifellos die Bezeichnung Modelle verdienen, entstehen ab Mitte der 50er Jahre in Deutschland: Bei der Firma Richard Sieper & Söhne, die schon seit 1921 Bestecke aus Aluminiumguß produzierte, wird der Entschluß gefaßt, Spielzeug zu fertigen. 1950 wird der Markenname SIKU (SIeper-KUnststoff) eingetragen, nachdem bereits seit 1937 für Sammelabzeichen Erfahrungen mit thermoplastischen Massen gewonnen wurden.

Zunächst werden 1952 bis 1954 mehr als 600 verschiedene Figuren-Motive für die Margarine-Industrie hergestellt. Aus den Erlösen entstehen die Formen für die ersten Siku-Autos. Heftig diskutiert wird der Maßstab, denn man fürchtet, daß die Baugröße 1:43 zu hohe Produktionskosten und Verkaufspreise verursachen, H0 dagegen eine Marktteilung mit Wiking erzwingen würde. (Übrigens, 1984 wird Wiking von Siku übernommen werden.) So entschließt man sich, eine eigene, umfangreiche Spielzeugkollektion im Maßstab 1:60 zu schaffen (Bild 174).

Bild 174: Schnell erweiterte Siku die 1:60-Plastikserie; dabei waren Baumaschinen wie der Krupp MK15C5, der vom Menck M60 mit Hochlöffel samt vorbildgetreuem Zahnstangenvorschub beladen werden konnte.

Wie in den Vereinigten Staaten, so entstehen auch in Europa größere Spielzeugbaumaschinen, die der Ausstrahlung und Stärke ihrer Vorbilder näher kommen als kleine, fragile Miniaturen. Besonders in Deutschland kommen unzählige, oft mit vielen Funktionen ausgestattete Spielzeugbaumaschinen auf den Markt, die in zahllosen Sandkisten verschwinden und später Sammlern manches Kopfzerbrechen bereiten werden: Gibt es ein echtes Vorbild? War es ein Werbemodell (Bilder 175 bis 177)?

Bild 173: Eine Hanomag-Planierraupe K65 mit Schwenkschild bildete 1958 den Auftakt der fabelhaften 1:60-Baumaschinen von Siku aus Plastik, hier mit dem Hatra-Schwenklader von 1959.

Bild 175: Gescha baute im ungefähren Maßstab 1:20 aus Blech einen Zettelmeyer-Dumper. Der Schriftzug auf der Mulde läßt vermuten, daß dies nicht nur Spielzeug, sondern ein Werbemodell gewesen sein könnte.

Bild 178: Ahlmann fertigte in Deutschland die ersten Schwenklader und Steiff (Geburtsstätte vieler Teddys und Stofftiere!) vom Ahlmann A45 aus Holz, Plastik und Metall ein Funktionsspielzeug im Maßstab 1:17.

Bild 176: Mehr Blechspielzeug als detailgetreues Modell war diese Henschel-Dreiradwalze von Gescha im Maßstab von etwa 1:25 mit Lenkung nach Gescha-Patent.

Unter den deutschen Firmen, die Spielzeugbaumaschinen herstellen, sind viele, deren Namen bald kaum noch jemand mit derlei Nachbildungen assoziieren würde (Bild 178). Andere werden ganze Scharen großer Spielzeugbaumaschinen für harte Sandkisteneinsätze aus den Werkstoren rollen lassen. Manchmal handelt es sich dabei um mehr oder weniger weit gefaßte Phantasiegebilde, manchmal um vorbildgetreue Modelle echter Baumaschinen (Bild 179). Ähnliches trifft auch auf manche andere Spielzeugbaumaschine dieser Jahre zu (Bild 180).

Bild 179: Radlader waren die innovativen Baumaschinen der 50er Jahre, auch für Spielzeughersteller: Kaelble SL600 als größter Radlader Europas im Maßstab 1:25 von Gama

Bild 177: Viele Nachbildungen – Spielzeuge oder Werbemodelle? – gab es in den 50er Jahren von Zettelmeyer-Baumaschinen, so diesen lenkbaren 1:25-Radlader von Strenco.

Bild 180: In Neuseeland ließ die englische Firma Lincoln diesen Zinkdruckguß-„Bulldozer“ im Maßstab 1:20 produzieren, der wohl einen Massey-Harris 744 mit zusätzlichem Planierschild darstellt.

Die Europäer entdecken die Werbewirkung

Plastik heißt das Zauberwort für die neuen Werbemittel der 50er Jahre – Baumaschinen nicht ausgenommen. Aus plastischen Kunststoffen lassen sich einfacher als aus Blech oder Metallguß reich detaillierte Formen herstellen – daß Plastik leider auch plastisch ist, werden viele Sammler anhand allerlei unschöner Verformungen und gerissener Raupenketten an ihren Modellen schon in wenigen Jahrzehnten wahrnehmen…

Bild 183: Schon seit den 30er Jahren fertigte Hanomag Raupenschlepper; vom neuen K 55 mit ungewöhnlicher, aber bequemer Lenkradsteuerung bestellte Hanomag bei Wiking ein 1:43-Werbemodell aus Plastik.

Bild 184: Von der unbekannten Firma Progress wurde für Demag dieses über Handkurbeln und Winden funktionstüchtige 1:25-Plastikmodell des Seilbaggers B-406 hergestellt.

Bild 181: Schwedischer Landsverk L-77 in 1:20 von Arsani, funktionstüchtig und mit einzelnen Kettengliedern ausgestattet, beim Beladen eines deutschen Krupp-MK30-Spielzeugkippers in 1:22 von Wader.

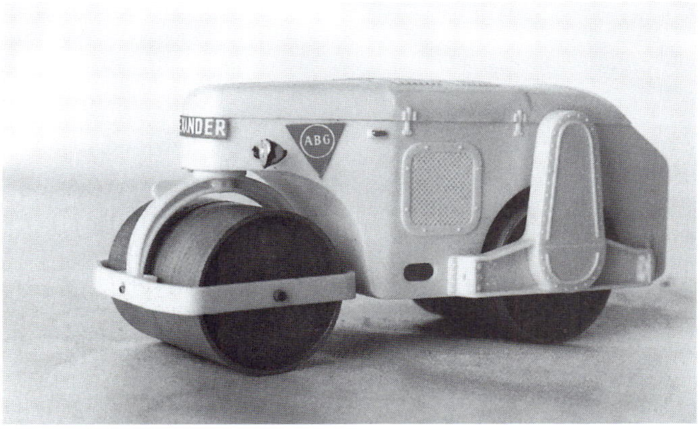

Bild 182: Zur Verkaufsförderung der innovativen Doppelvibrationswalze Alexander ließ ABG von Wiking ein vorbildgetreues Plastik-Werbemodell im Maßstab 1:43 produzieren.

Dank der Fortschritte in der Plastikproduktion sind dies die Geburtsjahre wunderschöner, später von Sammlern heißbegehrter Baumaschinen-Werbemodelle (Bild 181). In erster Linie werden große Plastik-Baumaschinenmodelle von deutschen Werbemittel- und Spielwarenfabrikanten gefertigt. Beispielsweise beliefert Wiking, Produzent der H0-Plastikmodelle, Volkswagen mit 1:43-Modellen. Bald gesellen sich Baumaschinenhersteller wie Menck, ABG und Hanomag hinzu (Bilder 182 und 183).

Die Werbeabteilung des deutschen Kran- und Baumaschinenherstellers Demag scheint Modelle der großen Vorbilder besonders gern zu mögen, denn in den 50er Jahren werden gleich mehrere Demag-Werbemodelle in großen Maßstäben aus Plastik produziert (Bilder 184 und 185).

Bild 185: Mit vielen Daten und Fakten auf der Packung des 1:30-Plastikmodells von Strenco informierte Demag seine Kunden über die Vorzüge des neuen 7-t-Mobilkranes V 70.

1956 werden mit der Gründung der deutschen Firma Renner in Nürnberg weitere Schritte in Richtung 1:50-Werbemodelle vollzogen, verlassen doch bald unter dem Markennamen Cursor einige erfreuliche Baumaschinen die Produktionsstätte.

Viele andere europäische Spielwaren- und Werbemittelhersteller bleiben beim soliden, bewährten Metall als Basismaterial für Baumaschinen-Werbemodelle (Bild 186). Nicht auf ein bestimmtes Material festlegen möchte sich ein obskurer, in wenigen Jahrzehnten mit sagenumwittertem Ruf behafteter englischer Hersteller zwar weniger, aber rarer und vielbewunderter Werbemodelle. Denzil Skinner heißt jene Firma, die beispielsweise Modelle für Michigan, Vickers und Muir Hill produziert (Bild 187).

Bild 186: Wesentlich größer als in Bild 170, nämlich im Maßstab 1:20, fertigte die italienische Firma Mercury dieses große, kabel-ferngesteuerte Werbemodell eines Fiorentini-Hochlöffelbaggers.

Bild 188: Zwei Elektromotoren trieben das vorbildgetreue „official 1/16 scale replica model" der schnellsten Raupe der Welt, der Vickers Vigor von Victory Industries, an.

Vom Raupenschlepper VR 180 verschenkt Vickers an besonders gute Kunden ein 1:24-Metallgußmodell aus dem Hause Denzil Skinner, von dem vielleicht nur

Bild 187: Gänzlich aus Weißmetall und leider ohne bewegliche Teile wurde dieses Werbemodell einer Vickers Vigor VR 180 mit Onions-Scraper 12-16 von Denzil Skinner gefertigt.

Bild 190: Über drei Bandagen und Knicklenkung verfügte die dänische Unimax-Walze von Johs Mollers, was dieses metallene Werksmodell im Maßstab 1:24 schön veranschaulicht.

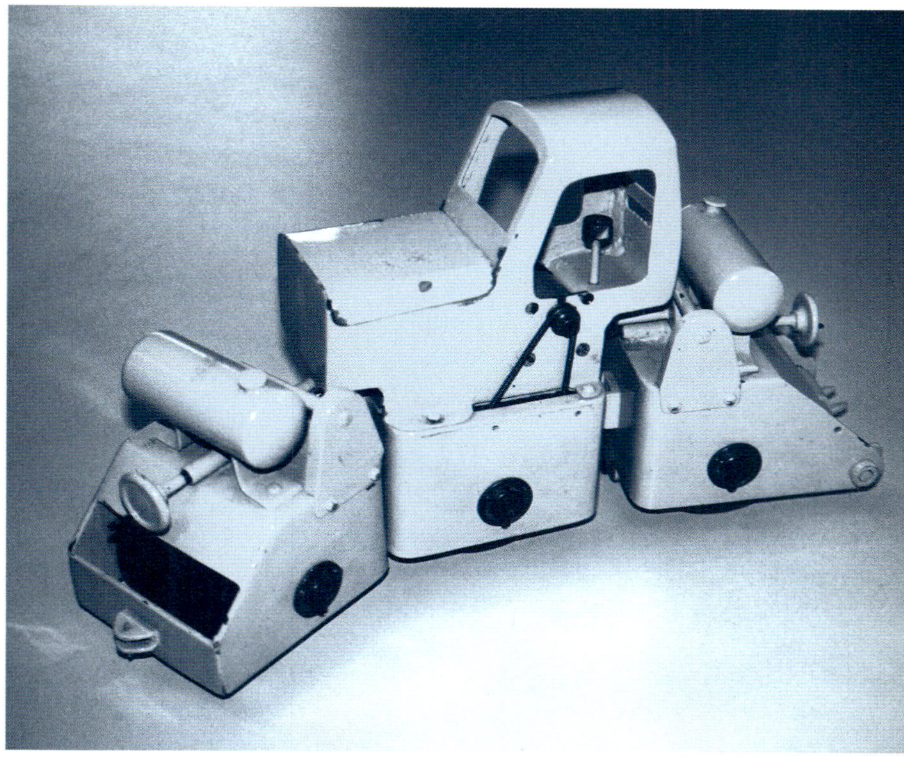

20 oder 30 Stück gefertigt werden... Wer dies jedoch schon hat, darf vielleicht ein anderes Vickers-Werbemodell englischer Herkunft wählen (Bild 188). Vierzig Jahre später werden alle drei Vickers-Raupenmodelle in Sammlerkreisen gemeinsam so viel Wert haben wie ein neuer Kleinwagen!

Lehr- und Ausstellungsmodelle

Baumaschinen durchliefen in den 50er Jahren eine Phase unzähliger Experimente und Neuentwicklungen. Womit könnte sich der technische Fortschritt besser zeigen, erklären, darstellen lassen als mit maßstäblich und detailgetreu gefertigten Modellen – sagten sich viele Baumaschinenhersteller dieses Jahrzehntes (Bilder 189, 190).

Auffällig viele Handmodelle werden in diesem Jahrzehnt für englische und französische Baumaschinenhersteller gefertigt. Vielleicht erkannte man in diesen Ländern den hohen Lehreffekt anschaulicher Modelle für Auszubildende und Kunden und ebenso den Werbeeffekt auf Messen und Ausstellungen (Bilder 191 bis 194).

Bild 191: Bis auf den hölzernen Motor wurde dieses gewaltige 1:10-Werksmodell des Nordest SD45 vollständig aus Metall gebaut; es bot alle Funktionen wie sein Vorbild, sogar die hochstellbare Frontscheibe.

Bild 189: Russische Arbeiter und Studenten begutachten vor einem 25-t-Muldenkipper MAZ-525 gemeinsam mit dem Direktor der Minsker Automobilwerke ein Modell des gleichen Kippers.

Bild 192: Richier produzierte allradgetriebene und -gelenkte Grader nach amerikanischem Austin-Western-Baumuster; ein Werksmodell im Maßstab 1:10 steht im Pariser Musée des Arts et Métiers.

Bild 193: In den 50er Jahren übernahm Continental die Raupenproduktion von CFALs Acieries du Nord. Die CD 7200, hier in 1:10 mit eigenartiger Schildmechanik, war die größte der Baureihe.

Bild 194: Noralpe war eine Tochterfirma von Richier; Raupen wurden nach italienischer Vender-Lizenz, Scraper nach amerikanischer Wooldridge-Lizenz gefertigt – wie dieser in 1:10 mit diffiziler Seilführung.

Wenige Hand- und Werksmodelle entstehen in diesem Jahrzehnt in Deutschland – vielleicht ist man zu sehr mit dem Wiederaufbau der Werke und dem Nachholen versäumter Technikgeschichte beschäftigt, um sich mit „Kleinkram“ aufzuhalten (Bild 195).

Bild 195: Mit der PR 150 baute Kaelble 1952 die größte Raupe Europas, vornehmlich als Planierraupe gedacht. Dieses Handmodell aus Aluminium wiegt 12 kg, sein Zweck ist ungewiß.

Bild 196: Bis ins kleinste Detail nachgebildetes Maßstabsmodell des kompakten Zweiraupen-Schaufelradbaggers SchR 1137 der Lübecker Maschinenbau-Gesellschaft (LMG, damals zu O&K gehörend).

Vorzüglich zur Wiedergabe als kleine Modelle eignen sich riesige, für jede Messe zu große und für Einsatzbesichtigungen ungeeignete, da nur in wenigen Exemplaren über Kontinente verstreut arbeitende Tagebaumaschinen (Bilder 196 bis 198). Wir werden in den kommenden Jahrzehnten viele Modelle solcher Giganten kennenlernen.

Immer ausgefeilter werden Innenleben und Technik vieler Baumaschinen, und auch hier dienen Modelle dem besseren Verständnis. Dafür eignen sich freilich

Bild 197: Das russische Uralmasch-Werk ist der weltgrößte Hersteller riesiger Schreitbagger. Im Maßstab 1:200 ist bei dem ESch 14/75 mit 14-m³-Kübel deutlich die außergewöhnliche Rohrkonstruktion und Abspannung des 75-m-Auslegers erkennbar.

Bild 198: Werksmodell EKG-5A von Uralmasch aus Kunststoff und Messing im Maßstab 1:92 beim Beladen eines 25-t-Kippers MAZ-525 im H0-Maßstab von einem russischen Kleinserienhersteller der 90er Jahre.

Staunen wir also über ein bemerkenswertes Baggermodell von 1954, das bis in die 90er Jahre voll funktionstauglich überleben und auf vielen Veranstaltungen Kindern, Junggebliebenen und Modellbauern Freude bereiten wird. Die Idee zum Baggermodell kam dem Erbauer Horst Moch Ende des Krieges 1945 beim Demontieren eines Flak-Richtgerätes,

Bild 199 A und B: Babcock fertigte in England unter Lizenz Marion-Bagger. Im unüblichen Maßstab 1:16,5 wurde dieses funktionstüchtige Modell des 101-M in allen Einzelheiten nachgebaut – samt Hebeln und Fußpedalen, Windenkupplungen und -bremsen.

keine Miniaturen winziger Maßstäbe, sondern nur große, ausreichend übersichtliche Nachbildungen – selbst wenn die Maßstäbe dabei etwas unüblich werden (Bild 199).

Baumaschinen wecken nun sogar bei Modellbauern erstes Interesse. Mehr Freizeit und verbesserte Bastelmöglichkeiten erlauben vielen Menschen, dem Hobby des Modellbaus zu frönen – meist sind dies in den 50er Jahren Eisenbahnen, Schiffe, Flugzeuge, Autos, Rennwagen, selten jedoch Baumaschinen.

Bild 200 A und B: Horst Moch als stolzer Erbauer 1954 vor seinem 91 kg schweren Bagger mit einem umgebauten Drehkranz eines ehemaligen Flak-Richtgerätes. Das abgenommene Oberwagenhaus aus verzinktem Stahlblech gibt den Blick auf das komplizierte Innenleben frei.

dessen Zahnkranz und Schleifringsatz mit 32 Ringen der Drehkranz des Baggers wurde. Für den Antrieb des Modells, das einem Menck ähnlich sieht, sorgen ein 220-V-Wechselstromkabel, Selen- und Kupferoxidul-Gleichrichter sowie viele Fernmelderelais aus den 30er und 40er Jahren; gesteuert werden die Baggerfunktionen über 24-V-Gleichstrom (Bild 200).

Neue Modelle halten die 50er Jahre fest

Nutzen wir unseren Aufenthalt in den 50er Jahren, um anhand einiger schöner historischer Modelle noch ein wenig Baumaschinengeschichte zu studieren. Die Mechanisierung des Hochbaus setzt jetzt erst richtig ein, so daß wir Turmkrane als Spielzeugmodelle noch gar nicht finden. Deshalb stellt Wilfried Schreiber selbst einen im Maßstab 1:50 auf die Schienen (Bild 201).

Bild 201: Auf der Basis eines Siku-Kranes wurde dieser schienenverfahrbare Reich-Nadelauslegerkran Typ F 17 von 1958 nachgebaut und in einem schönen Diorama untergebracht.

Bild 202: So gemütlich reisten Bagger zum Einsatz: Fuchs 300 von 1954 als H0-Bausatz von Weinert hinter einem Magirus S 3500 von Brekina, in Szene gesetzt von Walter Altmannshofer.

Hoch her geht es bei Baggerbauern, denn schließlich stehen wir vor der Wende vom Seil- zum Hydraulikbagger. Noch allerdings leisten neuste Seilbaggerkonstruktionen gute Dienste (Bilder 202, 203). Doch unaufhaltsam rücken die Hydraulikbagger vor, auch wenn sie zunächst noch etwas unbeholfen wirken und als einfache Anhänger mit Zapfwellenantrieb verwendet werden müssen (Bild 204). In Deutschland werden jedoch schon selbstfahrende Hydraulikbagger auf Rad- und Raupenfahrwerken produziert – im später lustig erscheinenden Design der 50er Jahre (Bild 205). In Norwegen ersinnen Ingenieure erfolgreich das Konzept des antriebslosen Unterwagens (Bild 206).

Bild 203: Nur ein Exemplar baute O&K vom großen 3-m^3-Bagger T 16. Peter Veicht baute auch nur einen im Maßstab 1:50, der hier einen verfeinerten Krupp MK15C5 von Siku belädt.

Bild 204: Roger Renault baute das schöne Modell eines über Zapfwelle traktorgetriebenen Poclain TO-Hydraulikbaggers im Maßstab 1:50 – ein Meilenstein der Baggergeschichte.

Noch sind andere Ladegeräte eine harte Konkurrenz sowohl für Seil- als auch Hydraulikbagger. Die 50er Jahre gelten als das Jahrzehnt der Laderaupen, die auf

Bild 206: Die Broyt X2 bewegten sich mit Hilfe von Ladeschaufel oder Tieflöffel, und für Einsätze auf morastigen Böden gab es große Moorplatten – hier in 1:50 von ATM.

Bild 207: Detaillierter Weißmetallbausatz eines Raupenschleppers International Harvester BTD6 mit Drott 4-in-1-Schaufel im Maßstab 1:76 von Langley Miniature Models aus England.

Bild 205: Das unverwechselbare Erscheinungsbild des Atlas 1500 von 1956 setzte ATM aus Frankreich vorbildlich im Maßstab 1:50 um – samt eigenartiger Löffelmechanik und Teleskopausleger mit Kontergewicht.

Bild 208: Seilbetätigte Chaseside-Ladeeinrichtung mit einem Fordson-Traktor als Grundgerät, Vorläufer zahlreicher späterer Radladerkonstruktionen, hier im Maßstab 1:50.

fast jeder Baustelle als „Mädchen für alles“ anzutreffen sind (Bild 207). Weiterentwickelt werden die noch recht ungewohnten Radlader, die aufgrund ihrer hohen Mobilität viele Arbeiten besser ausführen als Laderaupen oder Bagger. Manche Radlader werden schneller, manche etwas langsamer vervollkommnet (Bild 208).

Und dann gibt es noch die Maschinen, die außergewöhnliche Konstruktionen darstellen und – auch in ihrer fortlaufenden Entwicklung – nicht allerorten vorzufinden sind (Bild 209). In starkem Maße betrifft dies Muldenkipper, denn in diesen Jahren wird versucht, die Nutzlasten zwecks wirtschaftlicherer Einsatzmöglichkeiten drastisch zu steigern. Manche

Bild 209: 1953 ist das Geburtsjahr der Menck-Schürfraupe SR 53, perfekt mit vielen Details, Funkfernsteuerung und funktionierender Hydraulik im Maßstab 1:32 von Klaus Dmuschewsky nachgebaut.

Entwürfe werden zwar in wenigen Exemplaren in die Realität umgesetzt, erweisen sich aber als technische Sackgassen (Bilder 210, 211). Ähnliches dürfen wir auch von einigen Straßenwalzen behaupten (Bild 212).

Halt, kurz vor dem Verlassen dieses Jahrzehntes entdecken wir 1959 noch Erstaunliches im druckfrischen Matchbox-Katalog aus England: Unter der Nummer Y-11 ist in der recht neuen Modellserie „Models of Yesteryear" der

Bild 210: Mit 54, später 68 t Nutzlast war der Dart 600 1953 der weltgrößte Muldenkipper. Er hatte Drehschemellenkung, vordere Zwillingsbereifung und für jede Hinterachse separate Antriebsstränge, also zwei Motoren, Wandler, Getriebe.

Bild 211: Ein H0-Resinbausatz des Berliet T-100 von Top Models wurde gekürzt und mit einer Eigenbaumulde versehen und stellt so den größten Muldenkipper der Welt aus dem Jahre 1958 mit 115 t Gesamtgewicht dar.

erste industriell produzierte Baumaschinen-Oldie erhältlich (Bild 213). Was uns wieder einmal zeigt, wie traditionsbewußt Engländer sind – im Deutschland der Nachkriegszeit ist alles Alte dagegen tabu, niemand möchte in einer Zeit des Aufbaus an altmodische Baumaschinen denken…

Bild 212: Drei-Bandagen-Walze Roll-O-Matic mit zweifacher Hinterradlenkung von Galion im Maßstab 1:50 als ATM-Modell aus lasergeschnittenen, gebogenen und verlöteten Blechen.

Bild 213: Passend zur Modellbahn-Spurweite 00 produzierte Lesney in der Matchbox-Serie „Models of Yesteryear" 1959 den ersten Baumaschinen-Oldtimer, eine Aveling & Porter-Dampfwalze im Maßstab 1:80.

V.

60er Jahre

In allen Größen von allem etwas

Bunt, vielfältig und aufregend werden sowohl die Spielzeug- als auch Modellmengen dieses Jahrzehnts. Viele, viele Baumaschinenspielzeuge entsprechen – noch – echten Vorbildern, und immer mehr sorgfältig gearbeitete Werbemodelle von Baumaschinen begleiten uns. In absehbarer Zeit wird die schöne Parallelität von Spielzeug und Modell in zunehmendem Maße auseinanderdriften.

Diese Entwicklung wird schließlich dazu führen, daß sich in zwanzig, dreißig Jahren zahlreiche Modellsammler leidenschaftlich von Spielzeugen distanzieren werden. Genießen wir umso mehr unseren kurzen Aufenthalt in diesem Jahrzehnt, wo das Spielen mit richtigen Baumaschinen noch jung und alt große Freude bereitet.

Amerikanische Riesen werden kleiner

Besonders gut für kleine Baumaschinenfahrer eignen sich die Spielzeugriesen amerikanischer Hersteller. Leider werden solche Giganten in diesem Jahrzehnt schrumpfen und in geringeren Mengen die Werke verlassen, denn auch im Land

Bild 214: Nachgemessen ergibt sich für den riesigen Teleskopbagger Warner & Swasey Gradall G-1000 von Buddy „L" der Maßstab 1:17,8 und für den Mack-Muldenkipper M-35 mit Kipphydraulik 1:15 – das reicht für schönes Spielen!

Bild 215: Erster Radlader von Caterpillar war 1959 der 944, bald darauf als lenkbares Modell mit beweglichem Hubarm und kippbarer Schaufel von Ertl im Maßstab 1:25 nachgebildet.

der unbegrenzten Weiten und Möglichkeiten besinnt man sich auf Spielzeuge und Werbemodelle, die sogar auf Schreibtische passen ...

Endlich können wir uns wieder einmal über Buddy-„L"-Baumaschinen freuen: 1962 präsentiert der amerikanische Hersteller die erste Version der großen, zu dieser Zeit brandneuen Mack-Muldenkipper. In den nächsten Jahren werden weitere zwei- und dreiachsige Versionen folgen, einige davon mit verblüffender Kippfunktion durch einen federgespannten Hydraulikzylinder. 1965 folgt die wohl letzte schöne Buddy-„L"-Baumaschine nach einem echten Vorbild, der vierachsige Teleskopbagger Warner & Swasey Gradall G-1000 (Bild 214).

Anstelle der mächtigen Spielzeuge aus Walzstahlkomponenten überwiegen nun bei den amerikanischen Riesenminiaturen Zinkdruckguß und Aluminiumguß. In erster Linie wird die Entwicklung dieses Jahrzehnts von der uns bereits bekannten Firma Ertl aus Dyersville, Iowa, geprägt, beispielsweise mit dem wuchtigen International PAYhauler 65 im Maßstab 1:16. Dieser lenkbare Spielzeugmuldenkipper ist so schön, daß leider nur wenige Exemplare die vielen harten Sandkisteneinsätze überleben werden.

Aus welchen Gründen sich wohl das Ertl- und International-Harvester-Management entschließen, weitere Werbemodelle nicht mehr in 1:16, sondern im kleineren Maßstab um 1:24 zu produzieren? Vielleicht möchten sie einem Trend folgen, der sich bereits bei Landmaschinen-, Caterpillar- und John-Deere-Modellen abzeichnet (Bild 215). Europäern werden diese Modelle der kleineren Maßstäbe dennoch zu groß, zu unhandlich erscheinen – in welch unterschiedlichen „Maßstäben" doch gedacht wird ...!

Freunde von International Harvester müssen sich mit wesentlich kleineren Miniaturausgaben weiterer Baumaschinen begnügen, auch von der 233-PS-Planierraupe TD-25. Das Modell dieser Raupe erscheint in zwei sehr unterschiedlichen Versionen, nämlich als TD-25 Serie B zunächst mit eckiger Motorverkleidung und hoch angeordneten Lampen, dann in den 70er Jahren Caterpillar-ähnlich als TD-25 Serie C mit abgerundeter Motorverkleidung und seitlichen Lampen. Beide Versionen unterscheiden sich mit ihren komplett verschiedenen Formen zudem im Maßstab, denn die erste ist in 1:26, die zweite in 1:28 nachgebildet (Bild 216).

Bild 216: Ertl und International Harvester wählten für die erste Modellversion der 23-t-Planierraupe TD-25 den ungewöhnlichen Maßstab 1:26; der Schild war über einen Hebel höhenverstellbar.

Auch andere amerikanische Baumaschinenhersteller wie Allis-Chalmers, ein Fabrikat, von dem leider nur wenige interessante Miniaturen existieren, geben bei Ertl Werbemodelle in Auftrag. Das genauere Nachmessen mit den Datenblättern der betreffenden Vorbildmaschinen zeigt, daß die Maßstäbe 1:24 oder 1:25 selten präzise eingehalten werden (Bild 217).

Größer und größer werden viele amerikanische Baumaschinen, und ihre Nachbildungen in den Maßstäben 1:24 oder gar 1:16 wären nicht nur unhandlich, sondern auch zu teuer. Andere, kleinere Maßstäbe sind daher zu wählen, sollen beispielsweise Muldenkipper mit 59 t – das sind 65 short tons – Nutzlast als Werbemodell produziert werden. LeTourneau-Westinghouse (später Wabco) und Ertl entschließen sich bei dem neuen Haulpak-65-Tonner für den Maßstab 1:36; das Resultat ist ein Modell-Klassiker (Bild 218).

„LeTourneau-Westinghouse beabsichtigt, zur American Mining Congress Show in Las Vegas völlig kostenlos 500 Haulpak-Muldenkipper abzugeben", wirbt das Unternehmen 1965. Der verblüffte Leser erfährt daneben in deutlich kleinerer Schrift: „Maßstabsmodelle, natürlich... perfekte 1:36-Nachbildungen der 65-Tonnen-‚Revolution auf Rädern', die LW auf Anhieb einen klaren Vorsprung bei Tagebau-Muldenkippern verlieh. Obwohl diese Kipper nur 25 cm lang sind, werden Sie und Ihre Söhne laut und lange argumentieren, wer ihn behalten darf."

Bild 217: Eines der seltenen Werbemodelle von Allis-Chalmers-Baumaschinen, die Laderaupe 12G, im Vorbild mit 2,5-m³-Schaufel und hier von Ertl im Maßstab 1:23.

Bild 218: Ein Wabco-Verkäufer erklärt einem irritierten Fahrer, warum auf dem neuen Haulpak 65 nicht mehr LeTourneau-Westinghouse (rechts), sondern nun Wabco steht – im Maßstab 1:36 von Ertl.

Noch kleiner, da im Maßstab 1:43, zieren nun einige Baumaschinen-Werbemodelle aus Bronzeguß so manchen Schreibtisch. Derartige Modelle sind eine Spezialität amerikanischer Hersteller und in Europa nahezu unbekannt (Bilder 219, 220). Ihr Ursprung mag möglicherweise in den gußeisernen Spielzeugen der 20er und 30er Jahre zu finden sein. Die Bronzegußmodelle sind meist starr, ohne bewegliche Teile, und bestehen aus nur wenigen Komponenten.

Bild 219: Alte Tradition bei Euclid waren massive Gußminiaturen als Briefbeschwerer und Werbemodelle, zunächst aus Eisen, später aus Bronze wie hier in 1:43 der Muldenkipper R-35.

Bild 220: Wie die Baumaschinen übernahm Terex von Euclid auch die Modelltradition: Werbemodell der Planierraupe Terex 82-40 aus Bronzeguß; „Product … of General Motors“ ziert die Motorhaube.

Spielzeug amerikanischer Massenproduktion

Gäbe es keine Modelleisenbahnen, würden viele schöne Baumaschinen en miniature nicht existieren. Für einige Güterwaggons seiner legendären Lionel-Spielzeugbahnen der Spur 0 (Maßstab 1:64) ließ der US-Hersteller bei MPC im Staate Michigan wunderbare Frachten produzieren – im schönsten Plastik-Gelb oder -Orange den Motorscraper TS-260 und die Planierraupe HD-15 von Allis-Chalmers (Bild 221). Bald gesellten sich ein P&H-Hochlöffel-

Bild 221: Vorbildgetreues Plastikmodell des Allis-Chalmers-Scrapers TS-260 als Fracht für einen Lionel-Flachwaggon, passend zur Bahnspur 0 im „etwas ungenauen" Maßstab 1:60.

Bild 222: Warum produzierte Lionel nicht mehr schöne Spur-0-Plastikmodelle als Bahnzubehör? Vierachsiger P&H-Gittermast-Autokran und P&H-Löffelbagger 955, beide in etwa 1:55, und Allis-Chalmers HD 20 in 1:64.

bagger und ein vierachsiger P&H-Gittermast-Autokran für viele Bauarbeiten neben den Schienen hinzu (Bild 222).

Anders als europäische Kinder können kleine Amerikaner kaum mit vorbildgetreuen Baumaschinen spielen, es sei denn, ihre Eltern sind in der Baumaschinenbranche tätig oder scheuen nicht die Kosten für die vergleichsweise teuren Riesenmodelle. In den 60er Jahren begegnen uns in den Vereinigten Staaten sehr wenig schöne Spielzeugbaumaschinen – eigenartig, denn sie gehören zum Alltag. Der Qualitätsstandard durchschnittlichen Spielzeugs ist allerdings niedriger als in Europa (Bild 223).

Maßstäbe setzen amerikanische Firmen jedoch bei Kunststoffbausätzen. Auch die oben erwähnten Lionel-Modelle als Bahnzubehör sind Bausätze. Leider werden die Entscheidungsträger der Bausatzhersteller weltweit nicht von ihrer Meinung abzubringen sein, Schiffe, Panzer, Flugzeuge, Rennwagen, Pkw und

Bild 223: International Hough PAYloader H-120 von Lit'l Toy in 1:100 mit häßlichen, flachen Felgen; das Vorbild war mit bis zu 6 m³ Schaufelinhalt der größte in Serie gefertigte Radlader.

Lkw seien als Modelle interessanter als Baumaschinen – bei entsprechender Werbung folgen die Verkaufszahlen brav solch vorgegebenen Richtungen. Plastikbausätze von Baumaschinen werden in diesem Jahrhundert eine Ausnahme bleiben (Bild 224).

Echte Vorbilder oder nicht ?

Noch mag niemand die ersten Anzeichen einer aus Fernost anbrandenden Baumaschinenflut ernst nehmen, und was für die großen Vorbilder gilt, trifft auch für ihre kleinen Nachbildungen zu. Eine zunehmende Masse von Spielzeug- und Modellbaumaschinen aus fernöstlicher Produktion wird von nun an Kinderzimmer, Sandkisten und Sammlerregale füllen (Bild 225).

Zwar haben viele der Spielzeuge kein reales Vorbild oder sind existierenden Baumaschinen äußerst frei nachempfunden, doch zeigen die Japaner den Mut, außergewöhnliche, nicht auf jeder

Bild 224: Hübsch war die Schachtel des Aurora-Plastikbausatzes; der Bagger auf dem Tieflader war ein 1:64-Modell des Bay City „72“, vereinfacht nachgegossen in den 90er Jahren von Scenery Unlimited.

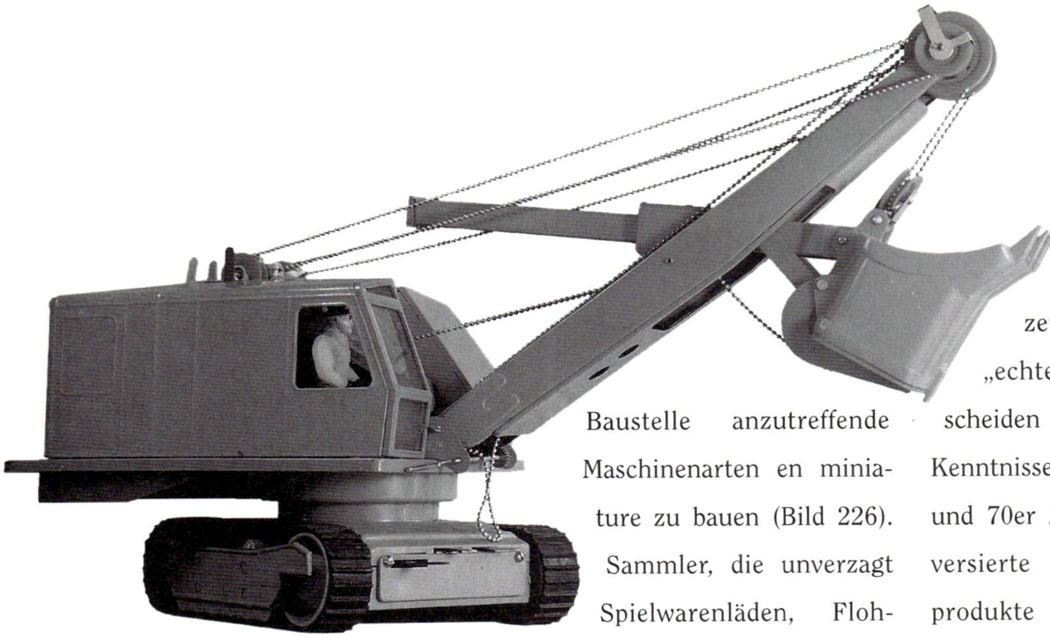

Bild 225: Im ungefähren Maßstab 1:25 produzierte die japanische Firma King of the toys diesen batteriegetriebenen Seilbagger; sein Vorbild könnte von Hitachi stammen.

Baustelle anzutreffende Maschinenarten en miniature zu bauen (Bild 226). Sammler, die unverzagt Spielwarenläden, Flohmärkte und Spielzeugbörsen durchforsten, werden später unter den Massen japanischer Spielzeuge mancherlei Juwelen ausgraben. Besonders begehrt sind Modelle der in Japan sehr häufig anzutreffenden Laderaupen (Bilder 227, 228).

Um bei japanischen Spielzeugbaumaschinen zwischen „echten“ und „unechten“ unterscheiden zu können, sind umfassende Kenntnisse über Baumaschinen der 60er und 70er Jahre unverzichtbar. Nur der versierte Sammler kann Phantasieprodukte von guten Nachbildungen existierender Maschinen unterscheiden – sofern solche nicht als Modelle, sondern für Sandkisten bestimmte Spielzeuge in wenigen Jahrzehnten überhaupt noch aufzutreiben sein werden (Bilder 229, 230).

Bild 226: Mit passenden Batterien führt die mäklergeführte Ramme von King of the toys, eine der wenigen Nachbildungen solcher Maschinen, alle Funktionen wie beim großen Bruder durch.

Bild 227: Im Maßstab 1:35 produzierte Sankyo Mokei in Japan mehrere Plastikbausätze von Baumaschinen wie der Hitachi-Laderaupe, deren Vorbild in westlichen Ländern unbekannt ist.

Bild 229: Im Maßstab 1:43 wurde ein noch nicht knickgelenkter International Hough PAYloader mit charakteristischer Frontpartie von der japanischen Firma Linemar als Blechspielzeug geformt.

Bild 228: Batteriegetriebene Laderaupe Komatsu D 60S aus Blech und Plastik von King of the toys mit viel zu kleinem Fahrer; ein Planierschild gehörte auch zu dem schönen Spielzeug.

Bild 230: Als Kombination aus Blech und Plastik könnte dieser detaillierte japanische Spielzeug-Muldenkipper im ungefähren Maßstab 1:25 einen Nissan-Kipper als Vorbild haben.

Bild 231: Mercury- und Lit'l-Toy-Modelle als Mini-Dinky-Spielzeug aus Hongkong mit geänderten Gußformen, Details und Rädern: Euclid R-62, IHC-Drott-Laderaupe, IHC-Dozer und Caterpillar-Grader No. 12.

Hongkong ist zwar nicht in Japan, gehört aber zu Asien und ist Heimat einiger kleiner Baumaschinen-Spielzeuge, die einen erstaunlichen Weg nahmen: Die englische Firma Lines Bros., die unter den Namen Tri-Ang und Spot-On Modellautos anbietet und Dinky Toys übernahm, produziert ab 1968 in Hongkong Miniatur-Baumaschinen unter der Bezeichnung „Mini-Dinky". Sechs dieser Spielzeuge stammen ursprünglich von Mercury aus Italien und von Lit'l Toy aus den Vereinigten Staaten (Bild 231). Bald sollen viele kleine Baumaschinen mit Heimat Hongkong folgen.

Bild 232: Manche halten ihn für einen Demag, andere ohne jeden Zweifel ob der typischen Fahrerhausfenster für einen O&K-Bagger, der von Gama sogar mit funktionierendem Elektromagnet ausgestattet wurde.

Bild 233: Interessante Spielzeuge von Kaku aus Deutschland: Bis ins letzte Detail, sogar die drei Hebel im Fahrerstand, wurde der P&H 320 in 1:18 aus Kunststoff geformt – aber mit Radfahrwerk? Rechts daneben ein Zettelmeyer Europ L 2000 in 1:20.

Bild 234: 1:17 wählte Gama als Maßstab für dieses schöne, batteriegetriebene und ferngelenkte Spielzeugmodell des Radladers Hanomag B 16.

Ähnliche Auswahlkriterien und Probleme bei der Identifizierung wie bei japanischen Spielzeugen gibt es in den 60er Jahren bei großen Sandkisten-Spielzeugen europäischer Produktion (Bilder 232, 233). Hoch ist der Spielwert einiger Modelle, die nicht nur in Sandkisten Schwerstarbeit leisten können, sondern in zahlreichen Einzelheiten Aussehen und Charakter ihrer großen Vorbilder spiegeln (Bild 234).

So manches Mal werden in einigen Jahrzehnten Sammler rätseln, welcher Spielzeughersteller für diese oder jene realistische, in vielen Details liebevoll nachgebildete Miniaturbaumaschine zu rühmen sein könnte. Viel zu oft hält es niemand für nötig, das Logo oder den Schriftzug des Spielzeugproduzenten irgendwo unter oder auf den Modellen zu verewigen. In solchen Fällen verbleiben nur Fragezeichen … (Bilder 235, 236).

Bild 235: Von wem? Wer produzierte in Deutschland diesen wunderbaren Allis-Chalmers-Radlader in 1:25 mit Wechselausrüstungen und sogar einer Rohrklammer am Kranarm?

Bild 236: Rätsel über Rätsel: War er ein Werbemodell oder Spielzeug, der O&K RH5 aus Kunststoff im Maßstab 1:18 mit Batterieantrieb für Laufwerk und Ausleger?

Und dann gibt es in diesen Jahren noch Werbemodelle, die eigentlich wie billiges Plastikspielzeug aussehen und über deren Herkunft und Herstellerfirma später kaum etwas bekannt sein wird (Bild 237). So einfach und schlicht ein

Bild 237: Plastik mit Seltenheitswert: Die deutsche Firma Rex lieferte 1962 für John Deere 1:25-Plastikmodelle des Lanz-Raupenschleppers 1010 mit Ladeeinrichtung.

solches Modell auch wirken mag – gar nicht lange wird es dauern, bis eifrige Sammler dafür ein durchschnittliches Monatseinkommen hergeben würden!

Wunderschönes Spielzeug aus Plastik

Einige europäische Spielzeughersteller verstehen es in diesem Jahrzehnt meisterhaft, aus „plastischem" Material herrliche Miniaturbaumaschinen zu kreieren, die als Modelle später Technikgeschichte erzählen werden. Manchmal sind dazu allerdings einige zusätzliche Handgriffe vonnöten (Bild 238).

Bild 238: Die reich detaillierte Gußform des Kaku-Plastikspielzeugs vom Raddozer Michigan 480 lieferte Horst Langguth die Basis für ein schönes Modell, präzise im Maßstab 1:50.

14 beachtliche Plastikmodelle im Maßstab 1:87 enthält eine ausschließliche Baumaschinen-Modellserie der österreichischen Firma Umex mit vielen bekannten und auch außergewöhnlichen Vorbildern – dreißig Jahre später wäre eine solche Serie in Sammlerkreisen eine Sensation. Interessant ist außerdem die Modelltechnik, denn die Kunststoffteile

Bild 239: Schwere Dreiachskipper Euclid R-45, hier 87mal von Umex verkleinert, waren auf vielen Erdbaustellen der 60er Jahre die Lastesel für den Massentransport.

sind in Steckbauweise montiert. Die kleinen Baumaschinen wirken leider etwas stark „plastikmäßig", erfreuen aber mit sorgfältiger Gravur, guter Detaillierung und Markenschriftzügen wie bei den Vorbildern (Bilder 239, 240).

Einige Umex-Baumaschinenmodelle gelangen in den Vereinigten Staaten über die Firma AHM als H0-Modellbahnzubehör in den Handel. Drei Caterpillar-Modelle der Umex-Serie, die Scraper

Bild 240: Nicht ganz im H0-Maßstab, sondern in 1:82 fertigte Umex die beiden Versionen des Unit 271C mit Greifer und Tieflöffel, letzterer über Hebel und Kurbel beweglich.

Bild 241: Cat-Maschinen der 60er Jahre als Modellbahnzubehör der Spur H0 von Umex: Scraper DW 21, Radlader 944 „Traxcavator" und, über allem, die legendäre D 9 G mit Hydraulikschild.

630A und DW21 und den Grader No.12, wird später Roco in überarbeiteter Form im Programm führen – leider aber nicht den Radlader 944 und die Planierraupe D9 (Bild 241).

Bild 242: „USA-Bodenentleerer" im Maßstab 1:87 von Wiking aus dem Jahre 1960, davor sein mögliches Vorbild, ein amerikanischer Spielzeug-Bodenentleerer von Banner mit schauerlichen Rädern.

Wiking leitet die 60er Jahre gleich 1960 mit einem riesigen neuen, im Katalog „USA-Erdbeweger" genannten Modell ein, das einen Bodenentleerer mit einachsigem Triebkopf darstellt (Bild 242). Das Modell ähnelt verblüffend einem billigen Plastikspielzeug der amerikanischen Firma Banner. Und Banner könnte vielleicht – sonst wäre der Spielzeug-Bodenentleerer wohl etwas realistischer gelungen – als Vorbild ganz einfach den Wooldridge-Bodenentleerer von Doepke genommen haben (siehe Bild 98). Im Verlauf der 60er Jahre wählt Wiking jedoch Baumaschinen, die auf deutschen Baustellen bekannter sind und 1:87-Modellregale vorzüglich bereichern (Bild 243, 244).

Bild 243: Die deutsche Firma Ardelt baute den Seilbagger 25RV und wurde von Krupp übernommen; als interessante Neuheiten brachte Wiking verschiedene Versionen des Universalbaggers auf den Markt.

Auch in Ostdeutschland, in der damaligen DDR, wird an kleine Baumeister gedacht. 1961 beginnt das Spezialprägewerk Annaberg-Buchholz mit der Produktion von Modellautos und Zubehör für H0-Modellbahnen – ursprünglich wurden Sargverzierungen und andere Prägeartikel hergestellt. Das Werk produziert einige beachtliche Baumaschinenmodelle, die über interessante Details verfügen (Bilder 245, 246). Mit der Änderung des Firmennamens in VEB Modell- und Plastspielwarenkombinat Annaberg-Buchholz wandeln sich die Modellverpackungen von weiß-blau zu gelb-rot, und der Markenname Espewe wird eingeführt, der aus der gesprochenen

Bild 244: Vorbildliche 1 : 87-Plastikmodelle von Wiking: Kaelble-Planierraupe PR 610, Hanomag-Radlader B und Zettelmeyer-Dumper – typische deutsche Baumaschinen der 60er Jahre.

Bild 245: Präzise H0-Modelle des Raupenschleppers TS-50 vom VEB Modell- und Plastspielwarenkombinat Annaberg-Buchholz – der Überkopflader (oben) ist die einzige seriengefertigte Miniatur dieser Maschinengattung.

Bild 246: Weimarlader mit Greifer und Zugstange (rechts), Universalbagger Nobas UB 80 mit Pendelrollen am Unterwagen und, ein liebevolles Detail, hochzustellendem Fahrerhausfenster, beide von Espewe.

Bild 248: Viele Palstikbausätze produzierte die englische Firma Airfix; dieser JCB 3C war eine Güterwagenfracht der Spur H0 und ist eines der wenigen Baggerladermodelle mit drehbarem Fahrersitz.

Bild 247: Italienischer Perlini T 30 im H0-Maßstab von Espewe im Wandel der Zeit mit unterschiedlichen Schachteln, Farben und Rädern; unten links als Plasticart die erste Version.

Abkürzung SPW Spezial-Präge-Werk entsteht (Bild 247).

Nach sorgfältiger Suche entdecken wir andere europäische Spielwarenhersteller von Baumaschinen im H0-Maßstab. Dazu zählen beispielsweise Airfix in England, leider nur mit einem Exemplar, und Anguplas aus Spanien (Bild 248). Die Anguplas-Produktion wird zum Ende dieses Jahrzehnts eingestellt, einige der Modelle werden in einfacherer Ausführung von der spanischen Firma Eko weitergefertigt.

Gäbe es eine Siegerkrone für die schönste kleine Baumaschinenserie, hätte sie im vergangenen Jahrzehnt vielleicht Mercury und in diesem sicherlich Siku verdient (Bild 249). Was sich mit den enden-

Bild 249: Seltene Vorbilder, kleine und größere Modelle: Berliet T 25, rechts von Eko aus Spanien in 1:86, links von Siku aus Deutschland in 1:60 mit Lenkfunktion.

den 50er Jahren schon abzeichnete, nimmt nun Gestalt an – eine umfangreiche Plastikmodellserie im Maßstab 1:60. Mit dabei sind viele Baumaschinen, in jedem Jahr kommen neue, interessante hinzu, darunter auch urige und seltsame (Bild 250).

Die meisten Siku-Plastikmodelle zeichnen sich durch zahlreiche Funktionen aus, die wunderbares Spielen erlauben – und in vielen Sandkisten leider für plötzliche Ausfälle und sogar Totalverluste sorgen (Bilder 251, 252). Verdienst von Siku wird es sein, mit mehr als fünfzehn

Bild 250: Erdtransport der frühen 60er Jahre, von Siku in 1:60 gestaltet: Hanomag „Baustellenschlepper mit Rückwärtskipper“ und davor ein schon knickgelenkter Robuster III/48 mit Wechselmulde.

Bild 251: Henschel-Scraper mit hydrostatischem Zusatzantrieb der Hinterachse; beim Siku-Plastikmodell im Maßstab 1:60 waren sämtliche Kübelfunktionen vorbildgetreu.

Bild 252: Von Wilfried Schreiber wurde der Siku-Liebherr-Turmdrehkran von 1961 lackiert und detailliert; besonders in Transportstellung mit Zugdeichsel erinnert er an vergangene Krantage.

Bild 254: Schon 1962 griff Siku mit dem Liebherr A 350 die Idee des Hydraulikbaggers auf; rechts daneben eine Kopie, aber in 1:50, von der italienischen Firma Politoys.

Plastikmodellen meist deutscher Baumaschinen einen Abschnitt Technikgeschichte dokumentiert zu haben (Bilder 253, 254).

1964 fällt bei Siku die Entscheidung, die Produktion der Plastikmodelle zugunsten einer neuen Serie aus Zinkdruckguß im etwas größeren Maßstab von 1:55 umzustellen. Dabei greift man auf Spritzgußmaschinen von 1949 zurück, die damals für die Produktion von Mercedes-Sternen angeschafft wurden – statt des Kühlerschmucks verlassen nun auch einige beachtliche kleine Baumaschinen die Sieper-Werke (Bild 255). Doch davon erst in wenigen Augenblicken mehr …

Bild 253: Wenig Modelle von Untertagekippern gibt es; Siku produzierte in 1:60 den interessanten Zweiseitenkipper Faun UK 10 mit Allradlenkung und Wendefahrerstand.

Maschinenflotten aus Zinkdruckguß

Endlos reihen sich die Auto- und Lkw-Kolonnen en miniature aus Zinkdruckguß in den 60er Jahren hintereinander. In vielen Ländern werden derartige Spielzeuge produziert, leider sind in den Serien nicht immer Baumaschinen enthalten. Wir müssen sie unter Scharen von Pkw und Lkw zwar nicht mit der Lupe, doch mit gebührender Aufmerksamkeit suchen (Bild 256).

Bild 255: Klaus-Autoschaufler, von Siku in 1:60 aus Plastik von 1962 und in 1:55 aus Zinkdruckguß von 1966, wurden in Lizenz der englischen Firma Wakefield in Deutschland gefertigt.

Bild 256: Mysteriöses Spielzeug von Denzil Skinner aus dem englischen Hartley Wintney: Muir-Hill A 5000 in 1:97 aus massivem Weißmetall in einer Schachtel einer Serie „Panzer aller Nationen“ mit der Serien-Nr. Muir-Hill …?

Bild 258: Husky-Chaseside-Loadmaster SL3000 (1:100, später JCB, ganz links und rechts); Matchbox-IHC-Drott-Laderaupe (1:60) und Cat-Kettendozer D8 (1:102), dahinter ein „Raupenschlepper mit Sandräumer“ von Schuco-Piccolo (Deutz-Raupe, 1:90).

Während bei deutschen Spielzeugautos Kunststoff dominiert, bauen die vielen englischen Hersteller lieber auf soliden Zinkdruckguß. Wegen der Erfolge der Matchbox-Serie lanciert auch Corgi Toys eine neue Produktreihe im Maßstab 1:86 und tauft sie, ebenfalls mit einer Hunderasse als Vorbild, Husky (Bilder 257, 258).

Für das schöne Spielen mit den kleinen Matchbox-Autos sind mehrere verschiedene 90 x 60 cm große Bodenpläne aus Papier erhältlich, auf die ebenfalls aus Papier zu bastelnde Gebäude, Brücken, Garagen usw. gestellt werden. Dies beinhaltet auch den „Baustellen-Plan“ R-2, über den der Matchbox-Katalog 1968 sagt: „Der Staub und Lärm einer Baustelle; realistisch und vielfarbig eingefangen, mit dreidimensionalen Gebäuden (Anm. d. Verf.: in diesem Fall Rohbauten!) zum Aufkleben. Für alle Deine Lastwagen, Kipper und Erdbewegungsmaschinen bemessen. Du und Deine Freunde werden viele Stunden fröhlichen Spielens erleben.“

Bild 257: Muldenkippergeschichte in englischen Miniaturen: Von Husky ein Aveling-Barford SN (links, 1:119) und von Matchbox Muir-Hill-Dumper (1:86), Mack M-35 (1:118) und knickgelenkter Dinkum-Dumper DD70 von Whitlock (1:80, auf Schachtel).

Bild 260: Klein, schwer und kompakt wirkte der „Schnelleinsatzkran" Liebherr-Turmdrehkran A 4 im winzigen Maßstab 1:90 aus der Piccolo-Serie von Schuco.

Bild 261: K-1 Weatherill-Radlader (1:57), K-2 Muir-Hill-Dumper (1:56), K-3 Caterpillar-D9-Bulldozer (1:70) – dies waren 1960 die ersten drei Spielzeugmodelle aus der neuen Matchbox-Serie King Size.

Auf ungewöhnlich schwere Spielzeugautos im Maßstab 1:90 stoßen wir in Deutschland: Schuco startete 1958 die Piccolo-Serie, nicht wie üblich im Hohlguß, sondern aus massivem Vollguß hergestellt. Erfreulicherweise erkennt man bei Schuco die Bedeutung der Baubranche auch für Kinder und nimmt einige Baumaschinen ins Piccolo-Programm (Bild 258). Darunter sind Vorbilder, die später kaum als andere Baumaschinenminiaturen verfügbar sein werden, wie beispielsweise ein Linnhoff-Straßenfertiger, ein Faun-Muldenkipper und eine Deutz-Planierraupe von 1961 (Bilder 259, 260).

Bei Lesney in England wird der Bedarf nach größeren Spielzeugmodellen bemerkt, und so erfahren wir im brandneuen Matchbox-Katalog über die ebenso neue Serie King Size, benannt nach größeren Zigarettenschachteln: „Diese neue Kollektion von wünderbar imitierten Modellen wird anfangs 1960 zur Herstellung kommen, und ist dazu bestimmt, die Nachfrage für grössere Modelle der Matchbox Qualität zu befriedigen." Die ersten aus der Reihe werden in ein paar Jahrzehnten die Herzen der Freunde alter Baumaschinen höher schlagen lassen (Bild 261).

Bild 262: Aus kleinen werden große Matchbox-Modelle: Hatra-Schwenklader im Maßstab 1:100 und aus der King-Size-Serie in 1:61 mit Reserverad auf der Motorhaube und beweglicher Schaufelmechanik.

Bild 259: Seilbagger Demag B-410 in 1:90 von Schuco-Piccolo; die beiden rechten als erste Versionen mit Ketten- und Seilzug für den Hochlöffel, der linke als neuere, abgespeckte Version.

Bild 263: 1:74 wählte Lesney für den Allis-Chalmers-Scraper TS-260 der King-Size-Serie; links eine Kopie aus Zinkdruckguß in H0 von Espewe aus der DDR, rechts etwas größer von Cle aus Frankreich.

Bild 264: Mit seinem Maßstab 1:54 paßte der Case-Bulldozer der King-Size-Reihe von Matchbox gut zu den später auftauchenden 1:50-Baumaschinenmodellen.

Im Verlauf der 60er Jahre erweitert Lesney die Serie der King-Size-Modelle um zahlreiche unvergeßliche Baumaschinen aller Art – leider, wie bei Lesney üblich, sämtlich in nicht einheitlichen Maßstäben (Bilder 262 bis 265). Die Serie enthält auch seltene Vorbilder wie einen deutschen Hatra-Schwenklader, einen Curtiss-Wright-Muldensattelzug (Bild 266) und den derzeit größten Muldenkipper der Welt (Bild 267).

1969 erfahren viele kleine wie große Matchbox-Modelle eine traurige Veränderung: Anstelle der gewohnten Räder werden „Superfast"-Räder montiert – als Reaktion auf die „Hot Wheels" des amerikanischen Herstellers Mattel. Das Aussehen der Matchbox-Fahrzeuge leidet, und in der Folge werden sich die ursprünglichen Modelle mehr und mehr zu Phantasieprodukten ohne reale Vorbilder wandeln.

Bild 266: Der Fahrer gestikuliert: Sein ursprünglich von Wooldridge stammender CWD 312 hat sich festgefahren – einziges Modell eines Curtiss-Wright, in 1:70 aus der King-Size-Serie von Matchbox.

Wie Matchbox mit der King-Size-Serie, so produziert auch Dinky Toys in diesem Jahrzehnt mehrere wunderbare Miniaturbaumaschinen (Bilder 268, 269). Immer famoser werden viele Modelle, immer höher ihr zukünftig kaum zu übertreffender Spielwert. Der Löffelbag-

Bild 265: Wohl das erste Modell (Spielzeug?) mit später allseits verwendeten Plastik-Hydraulikzylindern und Gußeisen-Kolbenstangen war der Matchbox-King-Size-Aveling-Barford in 1:63 von 1962.

ger Ruston-Bucyrus 38-RB von Dinky Toys bietet sogar seilbetätigten Löffelvorschub und ein Zugband zum Öffnen der Löffelklappe (Bild 270).

Bild 267: Mit 100 short tons Nutzlast war der Dart-D6540-Sattelzug 1963 der größte Muldenkipper der Welt – die Qualität der Nachbildung im Maßstab 1:96 entsprach einem Werbemodell.

Bild 269: Mit Lenkrad-Steuerung, abnehmbarem Fahrerhaus und Motorverkleidungen sowie hydraulischer Schildverstellung stattete Dinky Toys den Raddozer Michigan 180-III aus.

Bild 270: Mit seinen zahlreichen Funktionen, auch dem Löffelvorschub und Öffnen der Bodenklappe, bereitete Dinky Toys Ruston-Bucyrus 38-RB im Maßstab 1:46 unzählige Stunden der Spielfreude.

Bild 268: Klassische englische Foden-Muldenkipper: Dreiachsiger FC 27 mit Trassen-Räumschild in 1:43 von Dinky Toys und FR 6/45 in 1:70 von Matchbox.

Bild 271: Geschickt war der Priestman „Cup“ von Corgi Toys konstruiert, denn mit nur einem Rädchen wurden sämtliche Löffelbewegungen durchgeführt, auch das Entleeren.

Der englische Hersteller kümmert sich liebevoll um das Wohl der Kinder und erläutert in der „Bedienungsanleitung“, die dem Spielzeugbagger beiliegt: „Diese Art Trockenbagger wird hauptsächlich zum Graben von Mineralien, Gestein usw. aus dem Boden oder von Vorratshalden und zu dessen Umladung in wartende Lastkraftwagen verwendet. Diese Vorgänge können mit diesem Dinky Toys Supertoy Modell des Ruston Bucyrus 38 R.B. wirklichkeitstreu nachgebildet werden, wobei wie folgt vorzugehen ist.“

Hier folgen sechs Abschnitte, in denen erläutert wird, wie die „Regelräder“ des Auslegers und Löffels und der „Türauslöseknopf“ zu bedienen sind, und dann eine Anmerkung: „Als Fördergut für diesen Trockenbagger eignen sich z.B. gelbe

Bild 272: Nicht ein amerikanischer, sondern ein englischer Spielzeughersteller – Lines Bros. – produzierte das vielleicht seltenste Modell der Cat D9, im Maßstab 1:42 fast passend zu 1:50.

Bild 273: Schon im Maßstab 1:50 fertigte Tekno aus Dänemark den schönen Tieflöffelbagger Åkerman 610, der hier einen Euclid S-7 mit Hinterkipper Athey E 915 R von Siku in 1:55 belädt.

Erbsen, Reis und andere kleine Hülsenfrüchte, wie sie gewöhnlich in jeder Küche anzutreffen sind.“ – Offensichtlich nehmen Spielzeughersteller Kinder noch ernst, ernster als rund 30 Jahre später...

„Ein Modell, das richtig arbeitet“ – so wird der Priestman „Cup“, ein kleiner Hochlöffelbagger, von Corgi Toys 1963 in der Werbung deutschen Kindern angekündigt (Bild 271). Weiter heißt es zu diesem „Präzisions-Modell in Spritzguß mit der ‚all-star‘-Ausführung“: „Die vollständige Arbeitsweise des Baggers kann bis in Einzelheiten nachgemacht werden. Durch eine einfache Raddrehung am Führerhaus (Anm. d. Verfassers: gemeint war der Oberwagen) füllt, hebt und entlädt der Bagger die Schaufel in einem einzigen Arbeitsgang! Das Baggerhaus kann um 360° gedreht und durch eine Sperre festgestellt werden. Im naturgetreu gearbeiteten Führerhaus sitzt der Maschinist.“ – Tatsächlich wird sich dieser robuste Bagger als wahrer Profi der Sandkisten erweisen...

Ein wahres Juwel erscheint 1961 in der Spot-On-Reihe von Lines Bros., die in ihrem Maßstab 1:42 etwas größer als die Konkurrenz der 1:43-Dinky- und Corgi-Toys wirken soll: das später wohl legendärste Modell der Caterpillar D9, noch mit seilbetätigtem Planierschild (Bild 272). Im gleichen Jahr folgt von Spot-On ein dreiachsiger Jones-Autokran KL 10/10 mit Gitterausleger. Leider wird die schöne Cat D9 nur für ein Jahr produziert und deshalb äußerst rar werden.

Wenige interessante Zinkdruckguß-Baumaschinen begegnen uns in anderen Ländern Europas, denn englische Hersteller beherrschen diesen Markt. Nur in Deutschland versteht es Siku, den Schritt von Kunststoff zu Zinkdruckguß mit vielen schönen Spielzeugmodellen zügig zu vollziehen. Außerdem produziert der Modellbahnhersteller Märklin eine Zinkdruckgußserie guter Qualität, die jedoch leider nur zwei Baumaschinenmodelle enthält (Bilder 273 bis 275).

Bild 274: Radlader Zettelmeyer Europ L-2000, schon in 1:55, hinter einem Faun K 10/26AP, noch in 1:60, beide von Siku. Vorn der dreiachsige Kaelble KDV 22 E8 in 1:60 von Märklin.

Bild 275: Ein schönes Funktionsmodell des kleinen Mobil-Löffelbaggers Fuchs 301 produzierte Märklin ungefähr im Maßstab 1:55, hier in einem Diorama von Wilfried Schreiber.

Viele Maßstäbe für europäische Werbemodelle

Baumaschinen weisen recht unterschiedliche Größen auf, und so wird es schwierig bleiben, sie in einheitliche Maßstäbe zu pressen. Demzufolge können Werbemodelle in einer breiten Palette von Maßstäben bis hin zur Größe 1:10 Schreibtische und Regale zieren (Bilder 276, 277).

Außergewöhnliche, weil später äußerst seltene Werbemodelle werden in England fabriziert. Erneut begegnen wir den Firmen Denzil Skinner und Victory, die zwei hochinteressante Werbemodelle präsentieren; das von Victory ist sogar

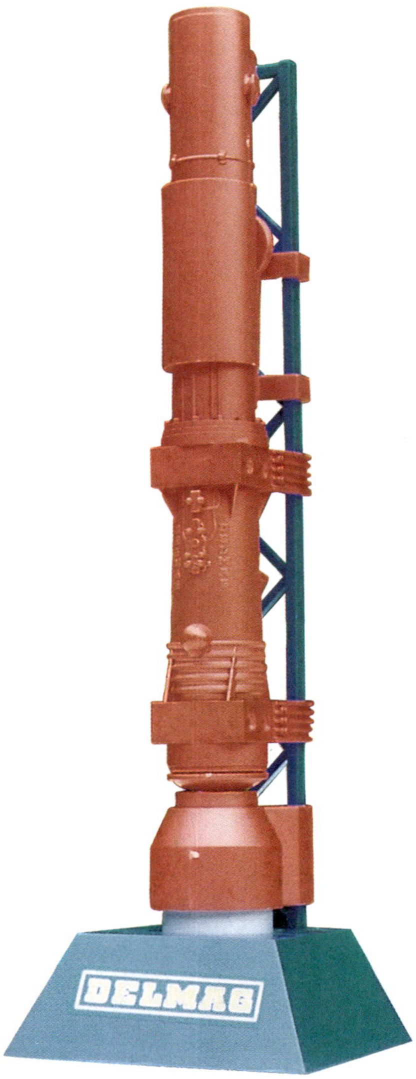

Bild 276: Dieselbetriebener 1-Zylinder-Explosions-Rammhammer der deutschen Firma Delmag als stattliches, überragendes Werbemodell im großen Maßstab 1:10.

Bild 277: „Buddelschiffe" sind bekannt, „Buddel-Baumaschinen" weniger: PAYloader H 30 von International Harvester im Maßstab 1:64 in einem kleinen Flaschendiorama mit Rieselsand.

Bild 278: Knickgelenkte Michigan-Radlader 175A von Denzil Skinner aus Resin-Kunststoff im Maßstab 1:50 mit leichten Variationen der Ladearm-Geometrie.

Bild 279: Alle wichtigen Kranfunktionen waren bei dem batteriegetriebenen Coles-Autokran von Victory Industries im Maßstab 1:35 ferngelenkt; hier in Sparrows-Lackierung aus der Sammlung Brandon Lewis.

Bild 280: Als möglicherweise eines der besten Werbemodelle eines Case-Baggerladers wird dieser 580 CK aus Kunststoff im Maßstab 1:25 unbekannter, aber europäischer Herkunft eingestuft.

ferngesteuert (Bilder 278, 279). Bei einigen raren Werbemodellen wird die Bestimmung des Herstellers und Ursprungslandes mangels Beschriftung später gar nicht mehr möglich sein (Bild 280).

Die deutsche Firma Cursor übernimmt anscheinend Teile der 1:43-Werbemodellproduktion von Wiking, beispielsweise für Volkswagen. Bald entstehen schöne, später sehr seltene Werbemodelle einiger deutscher Baumaschinen, wobei meist der Maßstab 1:25 gewählt wird (Bild 281). Andere deutsche Her-

Bild 281: Aus Kunststoff fertigte die deutsche Firma Cursor im Maßstab 1:25 Hanomag-Baumaschinen wie den Radlader B8 oder die abgebildete Laderaupe.

steller wie Gescha, NZG und R.W.-Ziss (Mini-Auto), die wir schon bald näher kennenlernen werden, wählen für Werbemodelle größerer Maßstäbe robusteren Zinkdruckguß (Bilder 282, 283). Für Modellserien mit geringen Auflagen, bei denen mehr Originalität als Detailtreue gefragt ist, eignen sich auch ungewohnte Materialien (Bild 284).

Bild 284: Keramik gehört nicht gerade zu den üblichen Modellwerkstoffen, ist aber billig in der Herstellung und ermöglicht die Modellnutzung als Aschenbecher – wie bei diesem Sambron-Dumper aus Frankreich.

Bild 282: Ein Klassiker unter den Gescha-Modellen (später Conrad) ist der knickgelenkte Cat-Radlader 950 im Maßstab 1:25 mit detailgetreuem Parallelgestänge des Hubarmes.

Bild 283: Mehr als 50.000 Stück werden von einem der ersten NZG-Modelle, der Cat-Laderaupe 941 im Maßstab 1:24, produziert; links daneben eine Fiat FL 10-B in späterer Fiatallis-Version von Miniauto.

Pionierarbeit bei Baumaschinen-Werbemodellen leistet zweifelsohne die Firma A. Bourbon et Fils in Saint-Lupicin, Frankreichs größter Hersteller von Werbegeschenken aus Kunststoff (Bild 285). In den 60er und frühen 70er Jahren werden von Bourbon zahlreiche Poclain-Bagger aller Art und andere Baumaschinen als Plastikmodelle mit vielen beweglichen Teilen meist im Maßstab 1:43 produziert (Bild 286). Die Bourbon-Produktion hat gewaltige Ausmaße: Um 1966 werden jährlich rund 800 verschiedene Werbeartikel hergestellt, täglich allein 20.000 Exemplare von Schlüsselanhängern aus Plastik – und viele Poclain-Bagger.

Bild 285: Größte von Richard in Frankreich gebaute Planierraupe war die Continental CD 10. Bourbon stellte nur wenige hundert Modelle her, hier aus der Sammlung von Georges Gilli.

Unter der Überschrift „Die Kunst, aus Kunststoff (fast) alles zu machen" erfahren wir aus der Poclain-Kundenzeitschrift „Inter Poclain": „Jeder kennt sie, die kleinen Modellbagger von Poclain. Sie zieren den Schreibtisch des Firmenchefs und sie werden in Poclain-niederlassungsnahen Kneipen gesammelt. Das ganze Jahr über aber erleichtern sie den Kontakt zwischen den Männern von Poclain und ihren Kunden, schaffen Sympathie und sind Erinnerung an erfolgreiche geschäftliche Verhandlungen." (Bild 287).

Bild 286: Eine breite Palette von Poclain-Werbemodellen aus Kunststoff rief die französische Firma Bourbon ins Leben; hier der Poclain HC 300 mit Tieflöffel und Ladeschaufel im Maßstab 1:43.

Bild 287: „… und die drei Weisen aus dem Morgenland brachten ihm ihre Geschenke dar: Gold, Weihrauch und Myrrhe“ (Matthäus 2, 1–18), stand über diesem Titelbild der Hauszeitschrift „Inter Poclain“ im Dezember 1965.

Bild 288: Der Weserhütte-Mobilbagger Hydrowolff HW 70 M mit rundem Oberwagenheck und eigentümlicher Auslegeranlenkung war das erste NZG-Modell (rechts), daneben das zweite, der Fuchs 50R in englischer Whitlock-Version.

Bild 289: 1969 brachte NZG mit der Menck SR 85 in 1:50 das erste Modell einer Schürfraupe heraus. Der Kübel beim Vorbild faßte 8,5 m³, der Fahrer saß quer für gleichwertige Vor- und Rückwärtsfahrt.

Bild 290: Bagger der 60er Jahre, von rechts: oben O&K RH 6 (1:58) und RH 25 (1:50) von R.W., unten Fuchs 50R und Atlas AB 1702 (beide 1:50) von NZG. Beim Fuchs und Atlas verformte der Zahn der Zeit die „plastischen" Kunststoffräder.

Die Erfolge und das Ansehen der Poclain-Modellbagger, von denen jeweils als Kleinserienprodukte bei Bourbon nur durchschnittlich 2.000 bis 3.000 Stück hergestellt werden, mögen in Europa manche Denkanstöße zu einer interessanten Entwicklung geben…

Der Maßstab 1:50 und Nürnberg

Deutschland hat eine sehr lange Spielzeugtradition; Modellautos und -fahrzeuge bilden hier keine Ausnahme. Deutschland gilt auch als Ursprungsland des „Baumaschinen-Maßstabes“ 1:50, denn bei Werbemodellen der Baubranche wird sich über die kommenden Jahrzehnte fast ein internationaler Standard einbürgern – der Maßstab 1:50.

1968 ist ein Jahr, das in der Evolution von Baumaschinen-Werbemodellen für nachhaltige Impulse sorgen wird: In Süddeutschland wird von Betty Hauer und Gerhard Schmid die Firma Nürnberger Zinkdruckgußmodelle GmbH gegründet und unter dem Kürzel NZG weltweit bekannt werden.

Der Weg dorthin birgt zunächst einige Hindernisse: Gerhard Schmid, noch angestellt bei einem wohlbekannten Nürnberger Werbemodellhersteller, wird von einigen Verantwortlichen der Baumaschinenindustrie nach den Möglichkeiten zur Produktion einer neuen Spielzeugsorte – Baumaschinen-Funktionsmodelle für Werbezwecke – gefragt. Er wendet sich mit der Anfrage an seinen Chef, doch der lehnt ab.

Plötzlich steht Gerhard Schmid vor der Entscheidung: Die Anfrage ignorieren oder selbst die Initiative ergreifen? Schmid ergreift die Chance, verläßt seinen Arbeitgeber und ruft NZG ins Leben. Erste Modelle sind 1968 ein Weserhütte-Hydrowolff- und ein Fuchs-Hydraulikbagger im Maßstab 1:50 (Bild 288). Bei diesem Auftrag von Weserhütte müssen noch Hürden genommen werden, so erfolgen die Fertigung der Spritzformen und die Lackierung außer Haus bei anderen Firmen. Das dritte Modell war 1968 im größeren, „amerikanischen“ Maßstab 1:24 die Caterpillar-Laderaupe 941 (siehe Bild 283).

Im nächsten Jahr folgen bereits elf Baumaschinenmodelle der Maßstäbe 1:24, 1:35, 1:50 und, ja tatsächlich, 1:87 – der kleine Radlader Cat 920 (siehe Bild 370). Viele dieser Modelle werden später gesuchte Sammlerstücke sein (Bild 289). Kommen wir erst in die 70er Jahre, werden wir sehen, in welch munterer Folge wunderbare kleine Baumaschinen die NZG-Fabrikationsstätte verlassen werden.

Wenig wissen wir über den deutschen Modellhersteller Mini-Auto, dessen schöne Werbemodelle auch unter den Namen R.W. und Ziss auftauchen. Die Firma aus Lintorf bei Düsseldorf gehört einem Herrn Wittek und produziert unter anderem Automodelle und Oldtimer. Einige Baggerminiaturen werden als R.W.-Modelle für O&K und, im Rahmen einer Kooperation, für den amerikanischen Baggerhersteller Harnischfeger/P&H gefertigt (Bilder 290, 291). Nach dem Tod von Herrn Wittek wird die Produktion eingestellt.

Bild 291: Die Raupenbagger O&K RH 6 und RH 25 von R.W. Ziss (Mini-Auto) erschienen in den Vereinigten Staaten als Werbemodelle von Harnischfeger unter dem P&H-Markennamen.

Ab 1963 geht der traditionsreiche deutsche Spielzeughersteller Strenco (eine Abkürzung aus Ludwig Streng & Co.) mit der 1923 von den Gebrüdern Max und Ludwig Schmid gegründeten Spielzeugfirma Gescha eine Vertriebsgemeinschaft ein. Zwei Jahre später verkauft Max Schmid Gescha an Strenco; kurz darauf entstehen die ersten Zinkspritzgußbagger (Bilder 292, 293). 1971 wird der bisherige Zulieferer Conrad Strenco übernehmen und vorbildliche 1:50-Modelle weltbekannt machen.

Schnell stellt man sich bei O&K auf die vielfältigen Werbemöglichkeiten ein, die sich mit den schönen Baumaschinenmodellen bieten. 1969 verlost O&K im Rahmen des Baustellen-Fotowettbewerbs „Der Bagger mit dem goldenen Löffel“ unter insgesamt 300 Preisen als Hauptgewinn dreimal den „O&K-Modellbagger aus 14-karätigem Gold, Gewicht ca. 420 g“, und als 2. Gewinn siebenmal „O&K-Modellbagger mit Tieflöffel aus 14-karätigem Gold“; an 5. Stelle folgen „60 x O&K-Modellbagger“. Wir bemerken, daß es sich bei den goldenen Baggern um den Mobilbagger MH 6 im noch etwas „queren“ Maßstab 1:62 von Strenco (= Gescha) handelt.

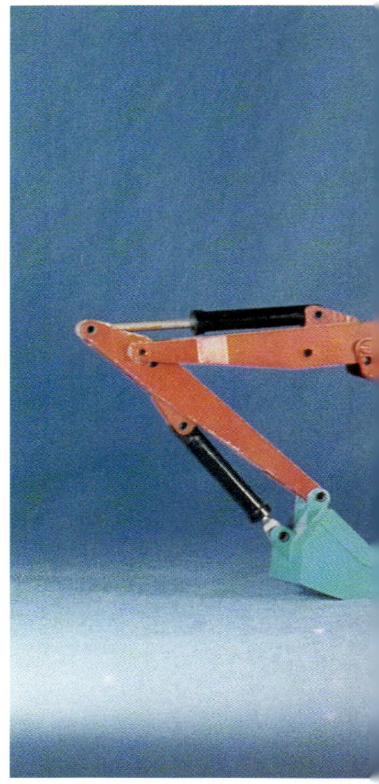

Bild 293: Unter dem Namen des Vertriebspartners Strenco produzierte Gescha schon 1966 die beiden Liebherr-Bagger 961 mit durchgehenden Unterwagenachsen (links und rechts außen), mit dem Gescha-Namen dann die beiden gelben Folgemodelle.

Bild 292: Der O&K-Mobilbagger MH 5 von Strenco (Vorläufer von Conrad, rechts) war noch im Maßstab 1:62; seine Formen wurden in den 70er Jahren an Matchbox verkauft, woraus ein O&K MH 6 entstand.

Bild 294: Motorhaube, Fahrerhaus und Lackierung unterschieden sich bei den O&K- und P&H-Versionen des 1:50-Teleskopkranes von Gescha, links der O&K R 210, rechts der P&H Omega.

Die Idee der handlichen, in Regalen bequem aufreihbaren und detailtreu gefertigten 1:50-Baumaschinenmodelle wird international weite Kreise ziehen: Joal in Spanien, Eligor, CEF und ATM in Frankreich, Oldcars in Italien, Microlink/Scoop in England, Diapet, Shinsei, Tomica, Ashija und Modelling UI in Japan, Sijam in Hongkong, King Star in Korea, Apra und Minimac in Brasilien, Ertl und Winross in den Vereinigten Staaten, Firmen aus Rußland und China – sämtlich werden sie bald Baumaschinen im schönen Maßstab 1:50 produzieren …

Modelle veranschaulichen das Neue

Vehement entwickeln sich die Baumaschinen der 60er Jahre, und manchmal bleibt gerade genügend Zeit, vor einer wichtigen Messe nur noch schnell ein Modell der großen Neuheit fertigzustellen. Manche Modelle helfen auch, gänzlich neue, ungewohnte Konzeptionen zu visualisieren und verständlich zu machen (Bilder 295, 296).

Bild 295: Zur Veranschaulichung des innovativen SuperFront-Konzeptes ließ der amerikanische Baggerhersteller Marion schon früh ein hölzernes Funktionsmodell anfertigen.

In Deutschland nutzt Menck & Hambrock 1968 ebenfalls Modelle: „Der Menck-Skooper hatte auf der diesjährigen Hannover-Messe die Menck-Schürfkübelraupe SR 65 von ihrem angestammten Platz vertrieben. Manch einer vermißte deshalb diesen Messeveteranen. Für die oft besorgt nachfragenden Freunde der Menck SR 65 versteckte die findige Standbesatzung ein SR-65-Modell im Tieflöffel des Menck-Hydraulikbaggers M 70 H, wo es, zum Bedauern vieler Modellfreunde, als ‚unverkäuflich' die Messewoche heil überstand", lesen wir vergnügt in der Werkszeitschrift „Menck-Post".

Als ob sie gut gedüngt und stets ausreichend begossen wären, so wachsen die Baumaschinen in diesem Jahrzehnt. Modelle sind oft das einzige vernünftige Mittel, gigantische Maschinen dreidimensional zeigen zu können (Bilder 297, 298).

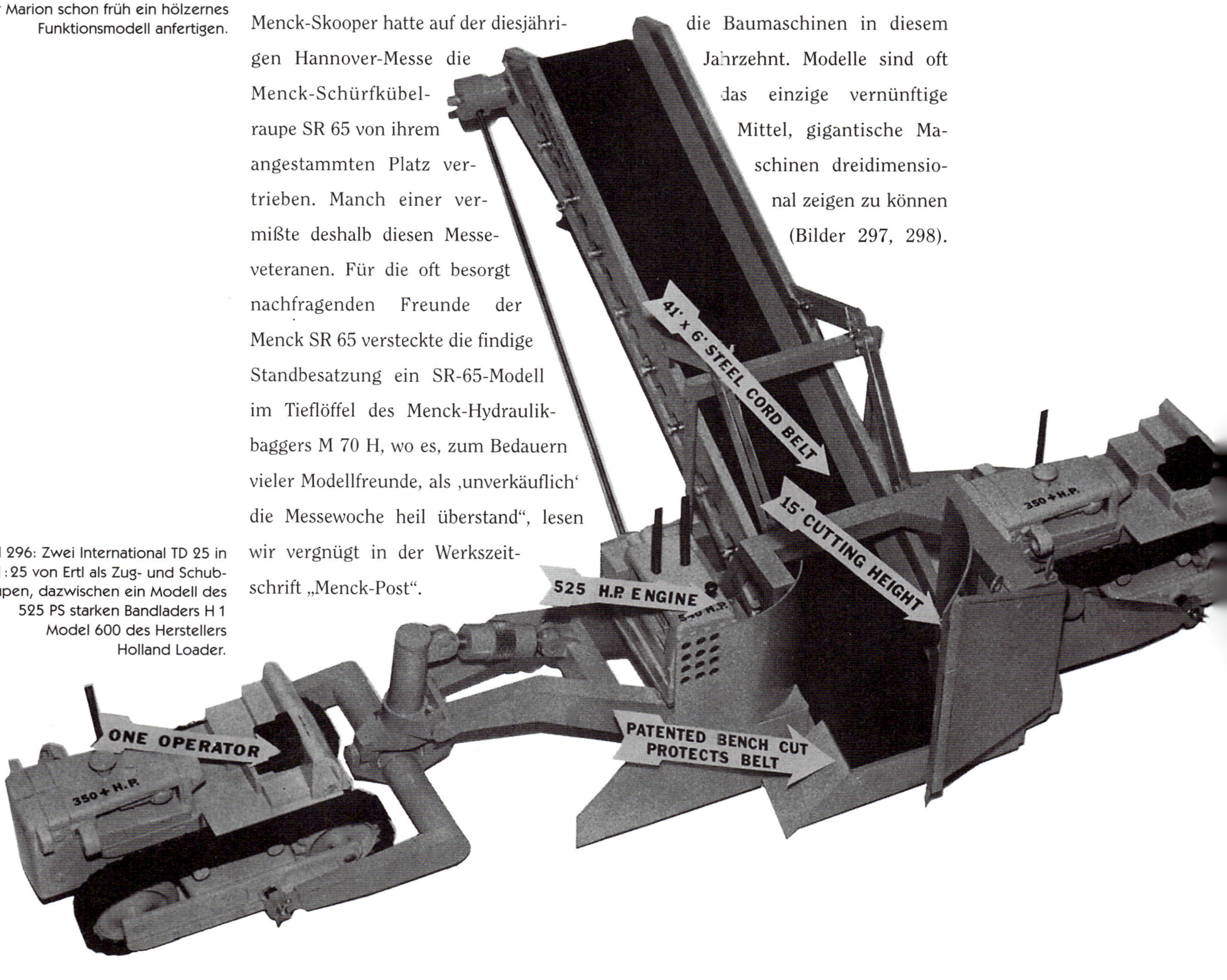

Bild 296: Zwei International TD 25 in 1:25 von Ertl als Zug- und Schubraupen, dazwischen ein Modell des 525 PS starken Bandladers H 1 Model 600 des Herstellers Holland Loader.

Bild 297: Im LeTourneau College erinnert ein 2,44 m langes 1:25-Modell an den größten je gebauten Scraper, den 5.080 PS starken, 61 m langen LT-360 von LeTourneau, der in 90 s rund 330 t Erde schürfen konnte.

Ebenso rar wie interessant sind Modelle der amerikanischen Tagebauriesen der 60er Jahre. Hauptsächlich im Steinkohletagebau treffen wir sie noch an, die „Stripping Shovels", die größten Löffelbagger aller Zeiten (Bilder 299, 300).

Bild 299: Der Typ 5323 war die „kleinste" Stripping Shovel von Marion; vom englischen Lizenznehmer Babcock wurde ein mächtiges, durch 220-V-Stromkabel gespeistes Funktionsmodell gebaut.

Bild 298: Kontinuierlich arbeitende deutsche Baggertechnik für den indischen Braunkohletagebau Neyveli: Modell des Schaufelradbaggers SchRs O&K 700/3x20 mit eigens für den harten Abraum entwickelten Spatenzähnen am Schaufelrad.

Bild 300: 1960 erhielt der amerikanische Präsident Eisenhower im Weißen Haus von F. Stillman Elfred, dem Vorsitzenden der Nationalen Kohle-Vereinigung, ein Modell des Bucyrus-Erie 3850-B, des damals weltgrößten Löffelbaggers.

Und nach etwas ausführlicherer Suche stoßen wir sogar auf ein Werksmodell des größten Baggers überhaupt, des „Big Muskie“ von Bucyrus-Erie (Bild 301).

Mehr Menschen begeistern sich inzwischen für Baumaschinen: Ein Oldtimer-Seilbagger Demag E31 hat es Hans Frömelt angetan, seit 1947 Baggerführer beim deutschen Bauunternehmen Hochtief. In mehrjähriger Arbeit baut er ein voll funktionsfähiges Modell dieses 40-t-

Bild 301: Im Maßstab 1:43 ließ Bucyrus-Erie schon vor der Inbetriebnahme des Vorbildes ein Anschauungsmodell von „Big Muskie“ bauen, mit 12.300 t Gewicht und 168 m³ Kübelinhalt Rekordhalter im Baggerbau.

Bild 302: Die 60er Jahre waren die Zeit der Scraperbaustellen, und bullige Cat D8 leisteten Schubhilfe – hier in 1:87 auf Basis eines Overland-Modelles von Walter Altmannshofer gestaltet.

Bild 304: Bei der Verbreiterung des Nord-Ostsee-Kanals wurde 1966 LeTourneaus „Electric Digger" L-90 mit vier 475-PS-Motoren und 205 t Gesamtgewicht eingesetzt, ein ATM-Modell im Maßstab 1:50.

Bild 303: Größere Scraper verlangten nach stärkeren Schubhilfen, größere Baulose nach großen Raddozern: LeTourneau baute den diesel-elektrisch angetriebenen LT 450, hier im Maßstab 1:40 als Handmodell.

Baggers aus den 30er Jahren, das mehr als 30 kg wiegt und mit Greiferausrüstung etwa 1,5 m hoch ist. Die Kettenglieder werden sogar einzeln nach Maß gegossen.

Blick aus den 90ern auf die 60er Jahre

Viele Seiten ließen sich mit den zahlreichen Baumaschinenentwicklungen und bemerkenswerten Einsätzen dieses Jahrzehntes füllen, doch bleiben wir bei unserem Thema und lassen lieber einige schöne historische Modelle kleine Geschichten erzählen (Bilder 302 bis 304).

Wohin steuert die Baggerentwicklung? Werden die neuen Hydraulikbagger noch mehr Freunde gewinnen können? Welche Wege werden die Hersteller von Seilbaggern einschlagen? – Fragen, die wir mutig mit einigen Modellen beantworten können (Bilder 305 bis 310). Der Erdtransport nimmt auf den großen Baulosen dieser Jahre immer gigantischere Dimensionen an (Bild 311).

Bild 305: Noch sind sie auf etlichen Baustellen fleißig, die kleinen Mobil-Seilbagger wie der Fuchs 301 – in 1:50 von Unicata mit Gittermast und Greifer –, doch allseits rücken hydraulische Bagger vor.

Bild 306: Bald werden Seilbagger zu Sonderaufgaben abgedrängt: Norbert Schmitt verwendet seinen Menck M 154 von Kibri im H0-Maßstab schon mit Abbruchbirne, ein Trend, der sich fortsetzen wird.

Bild 307: Unverwüstlich bleiben Seilbagger wie der Ruston-Bucyrus 22-RB – hier als 1:76-Weißmetallbausatz von Langley Miniature Models – in kleinen Kiesgruben und Steinbrüchen.

Bild 308: Bis auf lange Sicht haben Hydraulikbagger Mühe, ihre großen, robusten und schnellen Seil-Konkurrenten aus Tagebaueinsätzen zu vertreiben, wie ein Bucyrus-Erie 88-B von CCM in 1:48 unterstreicht.

Bild 309: Link-Belt entwickelte einen Teleskopbagger auf Lkw-Chassis – nicht ganz so mutig war man bei der altertümlichen Verwendung der Seile für die Rückholfunktion … (1:50 von Kempal).

Bild 310: Den Vorschub eines Radladers mit der Arbeitsweise eines Baggers vereinen – Insley und ATM in 1:50 wagten es mit einer eigentümlichen Kombination von Hydraulik und Seilen.

Bild 311: Trefflich gibt das ATM-Modell in seinem 1:50-Maßstab das gedrungene, urige Erscheinungsbild des Bodenentleerers Euclid B-100 für 91 t Nutzlast wieder.

Bild 312: Mit den Teilen eines Siku-Spielzeugkranes baute Wilfried Schreiber einen Nadelauslegerkran Liebherr 14A17 im Maßstab 1:50, der dank Teleskopturm variable Hakenhöhen bot.

Bild 313: Turmdrehkran F 10 von Reich, abgebaut in zusammengefalteter Transportstellung samt Ballast im Radunterwagen – ein Eigenbau von Peter Veicht im Maßstab 1:50.

Bild 314: In ein Hochbau-Diorama baute Wilfried Schreiber eine Reich-Mischanlage samt seilgezogenem Handbeschicker im Maßstab 1:50 aus den späten 60er Jahren.

Bild 315: Die vielleicht eigenartigste je gebaute Vibrationswalze war die französische Albaret „Sismopactor" TT901 – in 1:50 von ATM – mit nur einem Walzkörper und einem um 180° drehbaren Rad am Heck für engste Wendekreise.

Im Hochbau werden beachtliche Fortschritte erzielt. Besonders die Krantechnik wird verfeinert; immer speziellere Kransysteme genügen allen Hochbauanforderungen (Bilder 312, 313). Zum Hochbau gehören ebenso allerlei Förder- und Mischanlagen, die leider nur selten en miniature nachgebildet und festgehalten werden (Bild 314).

Welch ein vorzügliches Mittel stellen Modelle dar, um seltsame, belustigende oder sonstwie außergewöhnliche Konstruktionen über längere Zeit bewahren und der Nachwelt veranschaulichen zu können. Wie die Erfahrungen der Vergangenheit zeigen, werden in allen Jahrzehnten unverdrossen gänzlich neuartige Baumaschinen auf die Räder oder Ketten gestellt – oder auf nur eine Walze (Bild 315). So viel Fortschritt auf einen Schlag läßt uns lieber flugs in die 70er Jahre enteilen …

VI.

70er Jahre

Der Maßstab 1:50 setzt sich durch

In den 70er Jahren könnten sich unsere Wege trennen: Auf der einen Seite werden weniger und weniger interessante, vorbildgetreue Spielzeugbaumaschinen produziert, wobei ein paar europäische, amerikanische und japanische Hersteller rühmliche Ausnahmen bilden. Auf der anderen Seite kristallisieren sich einige Modellreihen in den Maßstäben 1:50, 1:35 und 1:25 als bevorzugte Sammler- und Werbebaumaschinen aus den Modell- und Spielzeugmassen heraus.

Bei all dem sind die 70er aufregende Jahre für die Baumaschinentechnik. Zwar zeichnen sich schon standardisierte Maschinenkonzepte ab, doch ist der Reigen der Hersteller noch unübersichtlich groß. Versucht wird vieles Neue, es herrscht noch euphorische Probierstimmung in den Konstruktionsabteilungen.

Zahlreiche Baumaschinen westlicher Hersteller, beispielsweise von Bucyrus-Erie, Caterpillar, International-Hough, Michigan, P&H, Poclain, O&K und Yumbo, werden in Japan unter Lizenz gebaut. Die damit gewonnenen Erkenntnisse werden in kaum mehr als einem Jahrzehnt solide Grundsteine für weltweite Marketingerfolge japanischer

Bild 316: Bei den japanischen Minimaschinen stellte sich erneut die Frage: Spielzeug oder Modell? Willi und Wolfgang Derfuss lösten die Frage und verfeinerten einen Komatsu-International PAYloader 560 (Tomica, 1:72) und einen Cat 773 (Shinsei, 1:82).

Baumaschinenhersteller sein. Diese geschichtliche Entwicklung liefert uns einen faszinierenden Reigen sowohl japanischer als auch amerikanischer Miniaturbaumaschinen …

Japanische Minimodelle überfluten die Welt

Früher als bei den großen Vorbildern gibt es schon in den 70er Jahren eine Invasion japanischer Baumaschinen – in handlichen Maßstäben. Eigentlich ist dies „nur“ Spielzeug, das jedoch unter kundigen Sammler- und geschickten Modellbauerhänden echten Modellcharakter gewinnt (Bild 316). Die wichtigsten japanischen Spielzeughersteller sind für uns Eidai, Shinsei, Tomica und Diapet.

Die Eidai Corp. aus Tokio produziert Modellfahrzeuge der Serie Grip Zechin im breiten Maßstabsspektrum von 1:60 bis 1:111. In westliche Länder gelangen die schönen Spielzeuge etwa Mitte der 70er Jahre. Das Programm beinhaltet Lkw und – endlich hat ein Spielwarenhersteller mal wieder den Mut dazu – hauptsächlich Baumaschinen (Bilder 317, 318).

Bild 317: Im Maßstab 1:70 produzierte Eidai in der Reihe Grip Zechin den Hitachi UH03D in seinen verschiedenen Versionen mit Mobil- und Raupenunterwagen als Greifer- und Tieflöffelbagger.

Bild 318: Eine weitere Version des Hitachi UH03D in 1:70 von Grip Zechin mit Erdbohrer und ein hochmobiler Erdbohrer auf einem Toyota-Ace-Chassis in 1:62, ebenfalls Grip Zechin.

Bild 319: Cat-Modelle aus der Serie Grip Zechin, leider im uneinheitlichen Maßstab: Scraper 621 (1:111), Radlader 920 (1:76), Muldenkipper 769B (1:98) und Grader 14E (1:96).

Die Reihe der kleinen Zinkdruckgußmodelle enthält unter anderem fünf Basismodelle von Caterpillar in insgesamt neun Versionen, so den Radlader 920 auch mit Schneepflug, den Grader 14E mit Rechen oder mit Schneepflug und Fahrerhaus (Bild 319) und den Kettendozer D5 mit Schild, Schneepflug und seltenem Rodungsrechen (Bild 320). Einige der kleinen Grip-Zechin-Baumaschinen werden unter dem Namen „World Zechin" auf westlichen Märkten verkauft, in den Vereinigten Staaten zudem mit dem Produktnamen „MadMax".

Für eine beachtliche Zahl interessanter Baumaschinenmodelle zeichnet der japanische Hersteller Tomica verantwortlich. Manche der kleinen Spielzeugmaschinen schreiben eine eigene

Bild 320: Selten sind Raupenmodelle mit Rodungsrechen, aus Japan stammen gleich zwei: Cat D5 von Grip Zechin in 1:62 (links) und Komatsu D65A von Tomica in 1:87.

Bild 321: Poclain baute das legendäre „Dreirad“, den Hydraulikbagger TY45 (auf vier Rädern ...), Yutani sammelte beim Lizenzbau Baggererfahrungen, Tomica hielt den Yutani-Poclain im Maßstab 1:90 fest.

Geschichte (Bild 321). Neben einigen Komatsu- und Komatsu-Bucyrus-Baggermodellen sowie Komatsu-International-Radladern, auch in der maßstäblich größeren Serie „Dandy“, produziert Tomica zwei bemerkenswerte Muldenkipper (Bild 322).

Wer das Angebot der japanischen Spielzeughersteller aufmerksam verfolgt, kann in seiner Sammlung wahrhaft außergewöhnliche Baumaschinen präsentieren. Trotz der unüblichen Maßstäbe finden sich sogar maßstäblich passende Modelle herkömmlicherer Baumaschinen (Bild 323).

Noch mehr Ruhm als die Grip-Zechin-Modelle werden die schönen Baumaschinen aus der Mini-Power-Serie des japanischen Herstellers Shinsei Kogyo Co. aus Tokio erlangen (ab den 90er Jahre Goods Wave). Aus der umfangreichen Mini-Power-Serie verschickt Shinsei in diesem Jahrzehnt unzählige interessante Miniaturbaumaschinen in den Spielzeughandel Europas und der Vereinigten Staaten. Die in den Frachtkisten steckenden Nachbildungen bekannter amerikanischer Baumaschinen werden noch weitgehend ignoriert – wer, außer Kin-

Bild 322: Zwei auf westlichen Märkten unbekannte japanische Muldenkipper von Tomica: rechts ein Hitachi DH 321, einem Wabco Haulpak 35 ähnelnd, in 1:117, links ein Nissan WD 23 in 1:83.

Bild 323: Einmalig ist die nach echtem Vorbild gefertigte Unterwasserraupe Komatsu D155W von Shinsei mit hochklappbarem Ansaug- und Abgasschnorchel neben einer Komatsu D155A von Tomica Dandy, beide in 1:70.

Bild 324: Caterpillar-Muldenkipper von Shinsei: links der 773 im Maßstab 1:82, rechts der 77-Tonner 777 in 1:87 (exakt H0!), der von Cat-Händlern auch als Werbepräsent vergeben wurde.

dern, beschäftigt sich schon gerne mit kleinen Baumaschinen? (Bilder 324 bis 326).

Die Spielzeuge in sehr guter Qualität begeistern kleine Baumeister und später viele Sammler mit ihren zahlreichen beweglichen Teilen und wirklichkeitsnahen Funktionen; oft sind trotz der „kleinen" Maßstäbe sogar Hydraulikzylinder und Kolbenstangen zu bewegen (Bild 327). Leider haben die Modelle

Bild 325: Im Shinsei-Katalog ein „Hydraulic Motor Scraper", auf dem Modell oft die Bezeichnung TMS 8A, auch mit Mitsubishi-Schriftzug – für den Fachmann der in Lizenz gebaute Cat-Scraper 657 im Maßstab 1:105.

Bild 326: Hätte der japanische Hersteller TCM nicht den Michigan-Radlader 45 in Lizenz gebaut und Shinsei nicht ein Modell exakt im Maßstab 1:50, wäre vielen Sammlern später ein großer Wunsch erspart geblieben …

keine einheitlichen Maßstäbe, werden ob ihrer Größe jedoch später häufig im H0-Maßstab 1:87 angesiedelt.

Doch das kann schiefgehen, wie die einzige Spielzeugminiatur des größten Muldenkippers der Welt, des Terex Titan 33-19 für 318 t Nutzlast, beweist (Bild 328). Das Shinsei-Modell, in verschiedenen Farbgebungen erhältlich, wird in schönstem Terex-Grün von den Terex-Werken in den Vereinigten Staaten, Kanada und Schottland als kleines, äußerst handliches Werbemodell verschenkt. Übrigens, zur Darstellung der innovativen hinteren Tandemachs-

Bild 327: Zweimal P&H 670 WLC: links als Raupenkran in 1:78 von Eidai mit Schiebetür am Fahrerhaus, rechts als Greifbagger in 1:85 von Shinsei; bei beiden werden die Seilwinden über kleine Rädchen gedreht.

lenkung des Terex Titan 33-19 verwendet das Unternehmen ein großes Holzmodell, das Rahmen und Hinterachsaufhängung ohne Mulde darstellt.

Bild 328: 3.300 PS Leistung für 554 t Gesamtgewicht sind auch im unüblichen Maßstab 1:132 so beachtlich, daß für diesen (bei Geländern und einigen Details verfeinerten) Terex Titan eigens ein Plexiglas-Figürchen und -Pkw geschnitzt wurden.

Bild 329: Shinsei-Miniatur eines Kelly-Bohrgreifers von Kato nach einer Lizenz der französischen Firma Benoto; im Maßstab 1:88 sogar mit abklappbaren Stützen und rädchenbetätigter Seilwinde.

Das Shinsei-Sortiment, das unter anderem einen Hitachi-, Kato- und Komatsu-Bagger, Mitsubishi-Grader, Caterpillar-Kettendozer und eine Komatsu-Laderaupe sowie verschiedene Kletterkrane umfaßt, erstaunt später Modellsammler auch mit außergewöhnlichen Nachbildungen, die kaum jemals als Spielzeug produziert werden (Bilder 329, 330). Noch ein Tip – schon Anfang der 70er Jahre bietet Shinsei für die Modelle eine dreistöckige Schauvitrine und schreibt dazu: „Laßt uns Mini Power sammeln und zu einer Dekoration eures Zimmers machen.“ Nun denn, worauf warten wir noch!?

Bild 330: Shinsei produzierte den Raupenkran KH 180 von Hitachi auch als Trägergerät für den Spezialtiefbau mit mäklergeführter, seilbetätigter Ramme im Maßstab 1:96, hier in unterschiedlichen Versionen.

Schönes Spielzeug in schönen Maßstäben

Unsere Chronik ist global und erfaßt als Momentaufnahme Spielzeug- und Modellproduktionen, die sich jedoch über Länder, Kontinente und den zehn Jahre währenden Alltag der 70er Jahre hinzogen. Was uns demnach als reichlich viel Baumaschinenspielzeug erscheint, müssen Kinder und Eltern jener Zeit recht mühsam in Spielwarenläden aufstöbern. In erster Linie werden wir bei Matchbox, Corgi Junior (zuvor Husky) und Majorette fündig (Bilder 331, 332).

Bild 331: Der Euclid R-35 in 1:130 von Husky (oben) hat noch schöne Räder, sein Nachfolger Terex R-35 von Corgi Junior Schnellaufräder; daneben von Matchbox ein Atlas-Bagger und eine Cat D9, beide ungefähr in 1:100.

Bild 332: Feine Baumaschinen lieferte die französische Firma Majorette: Poclain-Bagger (1:100), Perlini-Muldenkipper (1:100) und, ein erstaunliches Vorbild, Hanomag-Planierraupe K 8 (1:87).

Bild 333: Recycelte Matchbox-Formen: Case-Raupe von Guisval in 1:82 (oben) und von Underwood „Fun Ho!" eine Cat D8 hinter einem Allis-Chalmers TS-260 in 1:120 mit starr gegossenen Federn statt Hydaulikzylindern am Kübel.

Lesney Products setzt nun lieber auf unrealistische Spielwaren mit „SuperFast"-Rädern und mustert viele Formen alter Baumaschinen aus. Ehemalige Matchbox-Formen gelangen zu Guisval nach Spanien, andere wandern nach Neuseeland, wo The Underwood Engineering Co. Ltd. in der Serie „Fun Ho!" einige aus vergangenen Jahrzehnten bekannte Minibaumaschinen wieder auferstehen läßt. Andere Fahrzeuge werden größeren Matchbox-Modellen mehr schlecht als recht nachempfunden – sogar die bei Matchbox als Ersatz für Hydraulikzylinder vorhandenen Federn (siehe Bild 263) werden „sorgfältig" und damit laienhaft aus Zinkdruckguß nachgeformt ... (Bild 333).

Bild 334: Kleiner Caterpillar-Maschinenpark von Mattel mit Planierraupe D10 (1:106), Muldenkipper 777 (1:135) und Radlader 988B (1:110) aus Hongkong-Produktion mit dem typischen Cat-Logo.

Bild 335: Schöne, weil detaillierte und billige Ertl-Modelle von International Harvester: Elevatorscraper 412B und in Frankreich gefertigter Hydraulikbagger IHC-Yumbo 640, beide in 1:64.

Recht dreist wird die Serie um einige ungewöhnliche Maschinen erweitert, so gibt es die alte Matchbox Cat D8 nun auch mit Frontschaufel als Laderaupe, die als „Caterpillar Front End Loader" bezeichnet wird. Erneut durchlaufen Modelle die eigentümliche Verwandlung zu uninteressantem Spielzeug …

Cat-Baumaschinen aus Hongkong? Ja, wir sind in den 70er Jahren, und vertraute Welten wanken … – Der US-Spielzeugkonzern Mattel läßt in Hongkong drei Baumaschinen noch mit schönen Cat-Logo-Abziehbildern produzieren (Bild 334). Später werden diese Modelle auch aus Malaysia mit eingravierten oder ohne Cat-Zeichen kommen, und noch später – in den späten 90er Jahren – als ähnlich recycelte Formen wie bei Matchbox erneut als lizenzierte Cat-Modelle auftauchen.

Bild 336: Firmengeschichte im Wandel der Zeit: rechts die ursprüngliche International Harvester TD-20E im Maßstab 1:70, links als International Hough von Dresser, beide von Ertl.

Bild 337: Nicht im Maßstab 1:64, sondern in 1:80 formte Ertl den International PAYhauler 350 (dahinter Nachfolger von Payhauler Inc.) und in 1:72 den PAYloader 560 (vorne, ganz hinten von Dresser). Dabei ist auch in 1:72 ein Komatsu-IHC 560 von Tomica.

Eine ganze Reihe etwas größerer Baumaschinenmodelle, die meist als Werbemodelle genutzt werden und ungefähr um den in Europa kaum bekannten Maßstab 1:64 (Spur 0) ausgeführt sind, verlassen das Ertl-Werk in Dyersville (Bilder 335 bis 337). Damit findet ein beachtlicher Modell-Schrumpfungsprozeß seine Fortsetzung, der in den 60er Jahren einsetzte und in den 90ern in Ertl-Modellen des Maßstabs 1:180 gipfeln wird.

Langsam, ganz langsam dürfen wir unser Sammlerregal für 1:87-Modelle im H0-Maßstab erweitern – doch erst in den 80er und 90er Jahren werden zusätzliche Regalmeter erforderlich sein. 1976 vergrößert die schon 1895 gegründete deutsche Firma Kindler & Briel (Kibri) ihr Sortiment an Modelleisenbahnzubehör um einige Bausätze von Lkw und Nutzfahrzeugen im H0-Maßstab. Schon in Kürze werden viele Baumaschinen Modellbauer und -sammler erfreuen …

Bild 338: In wunderschön detaillierte H0-Modelle wandelte Roco die Caterpillar-Scraper von Umex: oben DW 21, in der Mitte der dreiachsige 630A, darunter dank mitgelieferter Dollyachse umgebaut als Anhängescraper.

Die österreichische Firma Roco übernimmt einige Formen von Umex und überarbeitet sie erheblich. Leider werden nur drei Caterpillar-Modelle angeboten (Bilder 338, 339), die anderen Umex-Miniaturen sind vergessen. Zu den Roco-Modellen können wir ein paar Baumaschinen aus ehemaliger Anguplas-Produktion gesellen, die nun von der spanischen Firma Eko in vereinfachten Formen angeboten werden (Bild 340).

Plastik wird in den 70er Jahren von zahlreichen, über ganz Europa verstreuten Spielzeugherstellern auch gerne für etwas größere Miniaturbaumaschinen um den Maßstabsbereich 1:50 gewählt – wir müssen solche Modelle mit der Lupe in verstaubten Winkeln der Spielwarenläden suchen (Bilder 341, 342). Ebenso werden nur einige wenige, aber ansprechende Baumaschinenmodelle von der französischen Firma Norev aus Plastik produziert (Bild 343). Norev ist die Umkehrung des Nachnamens des Firmengründers Joseph Veron, der 1946 die Fertigung von Spielzeuguhren aufnahm.

Bild 340: Nette, aber einfach gestaltete Plastikmodelle für die H0-Eisenbahn stellte Eko aus Spanien mit dem Ruston-Bucyrus 22-RB und dem Caterpillar-Scraper 631 her.

Bild 339: Sogar mit Schneepflug und hinteren Scheibeneggen zur Bodenlockerung konnte der Caterpillar-Grader No. 12 von Roco im Maßstab 1:87 ausgestattet werden.

Bild 341: Links eine Caterpillar-Laderaupe 977K „Traxcavator“ von Matchbox in 1:50 aus Zinkdruckguß, rechts – wohl eine Kopie – aus Plastik von Play Trucks aus Griechenland in 1:43.

Bild 342: Verfeinert und lackiert wären es tolle, fein detaillierte Modelle; so sind es Plastikspielzeuge im präzisen Maßstab 1:50, der Kaelble KVW 35 von Leyla aus Deutschland und der Krupp MK 15 von Joy Toy aus Griechenland.

Bild 343: Continental-Planierraupe CD-8 und Richier-Grader N-530 von Norev im Maßstab 1:43 und einer der letzten schönen Dinky Toys, ein Aveling-Barford-„Centaur“-Muldenkipper mit Feder-Kippvorrichtung.

Bild 344: Das weltweit einzige Serienmodell eines Yale-Radladers des US-Herstellers Eaton, des Typs 6000, stammte von Dinky Toys, hier Variationen mit roter und gelber Schaufel sowie Metall- und Plastikfelgen.

Nur vereinzelt werden uns in diesem Jahrzehnt Spielzeugbaumaschinen der traditionsreichen englischen Marken Dinky Toys und Corgi Toys erfreuen (Bilder 344, 345). Unrealistische Phantasieprodukte sind auf dem Vormarsch, darunter auch „Hybride“ wie der Atlas AB 1702 von Dinky Toys – mit viel zu schmalen Raupenketten eines Centurion-Panzers, drei Ausleger-Hubzylindern und

Bild 345: Futuristisch war 1971 die hydrostatisch angetriebene JCB-Laderaupe 110B mit Mittelkabine und Heckmotor, von Corgi Toys nicht in 1:43, sondern in 1:35 als Modell mit rädchenbetätigtem Hubarm.

Bild 346: Solido fertigte für International Harvester 1976 den Yumbo-Bagger 3984 – das erste kleine Baumaschinenmodell mit Metallraupen, die viel echter nachgebildet waren als bei vielen späteren 1:50-Modellen!

Bild 347: Das erste Werbemodell für Volvo BM kam 1974 von Solido aus Frankreich: der damals noch ungewohnte Knicklenker DR 860. 1977 folgte der Radlader Volvo BM LM 1240, beide in 1:52.

auch sonst unschönem Erscheinungsbild. Neu sind die gut detaillierten Zinkdruckgußmodelle der französischen Firma Solido. Im Lieferprogramm staunen wir über etwas tatsächlich Neues und Bemerkenswertes: Im Maßstab 1:55 ist dort ein Hydraulikbagger International-Yumbo 3984 aus französischer Produktion erhältlich, eigentlich nichts Ungewöhnliches, aber die Raupenketten des Modells … (Bild 346)! Leider produziert Solido nur noch zwei andere kleine Baumaschinen, und zwar von Volvo BM (Bild 347).

Auch einige deutsche Spielzeughersteller, allen voran Siku, können Kinderherzen in diesem Jahrzehnt mit schönen kleinen Baumaschinen erfreuen. Gama wagt noch nicht ganz den Schritt zum Maßstab 1:50, bietet zum Trost aber gute Modelle (Bilder 348, 349). Siku folgt getreulich der Tradition, die schon in den 50er Jahren begonnen wurde, und

Bild 348: In verschiedenen Maßstäben, hier aus Zinkdruckguß in 1:55, aber auch in 1:20 aus Plastik (siehe Bild 382), stellte die deutsche Firma Gama Modelle des englischen JCB-Hydraulikbaggers 5C her – waren es Werbemodelle?

Bild 349: Vorbildliches Lernspielzeug und riesiges Plastikmodell von Gama: ferngesteuerter Kletterkran 90 HC von Liebherr im Maßstab 1:55 aus der Sammlung von Michael Kopp.

Bild 350: Menck-Greifbagger M 60 und Michigan-Raddozer 180 als 1:60-Zinkdruckguß-Spielzeuge von Siku, dahinter im größeren Maßstab 1:50 das Modell des Hydraulikbaggers Menck M 500H.

präsentiert Eltern und Kindern herrliche, funktionstüchtige Spielzeugbaumaschinen, die die Bezeichnung Modell mehr verdienen als manches Werbemodell (Bild 350).

1:50er-Werbemodelle rund um den Globus

In dieser Zeit setzt eine Entwicklung ein, die einmal dazu führen wird, daß ein dickes, großes Buch über Baumaschinenmodelle geschrieben werden kann: Eine schnell wachsende Zahl von Baumaschi-

nenherstellern läßt bei spezialisierten Firmen – meist sind dies keine Spielwarenhersteller – in regelmäßigen Zeitabständen Werbemodelle produzieren, denn der hohe werbliche Wert der handlichen Miniaturen ist längst kein Geheimnis mehr (Bilder 351, 352).

Alle anderen Werbemodellkonzepte mögen zwar erfolgreich sein, werden aber vehement durch die 1:50-Modelle aus Zinkdruckguß verdrängt. Das betrifft ebenso die bekannten französischen Bourbon-Modelle, von denen sich im Verlauf dieses Jahrzehntes nicht nur

Bild 351: „Ein äußerst wertvolles, ‚arbeitendes' Verkaufswerkzeug", schrieb Wabco in einer internen Mitteilung über den neuen Muldenkipper 170C von Conrad im Maßstab 1:50 – vor dramatischem Hintergrund!

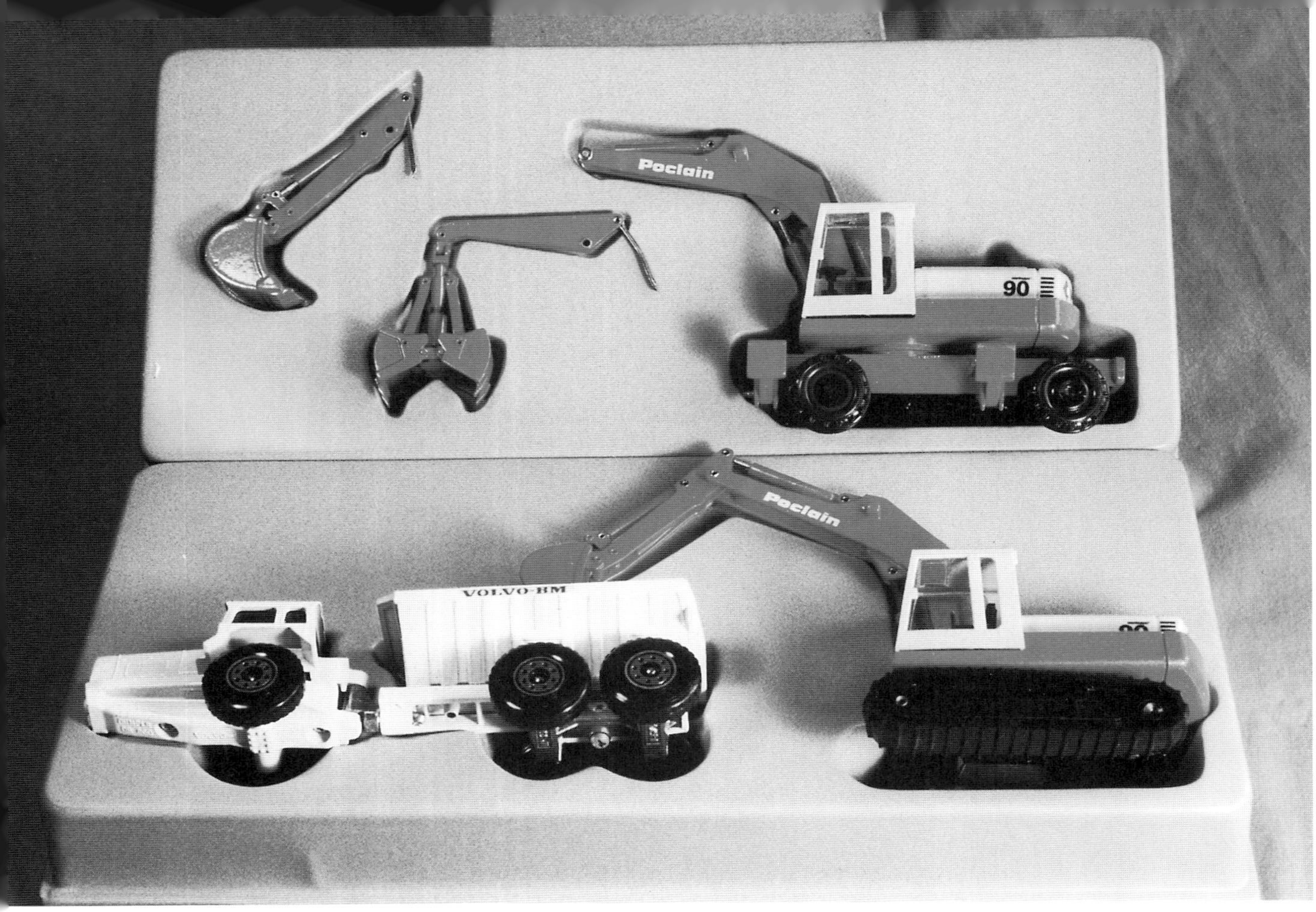

Bild 352: Promotion-Set von Poclain aus einer Zeit, als das Unternehmen noch Vertriebspartner von Volvo BM war, mit DR 860 von Solido und 90C-Tieflöffel sowie 90P mit Tieflöffel- und Greiferausrüstung von Conrad.

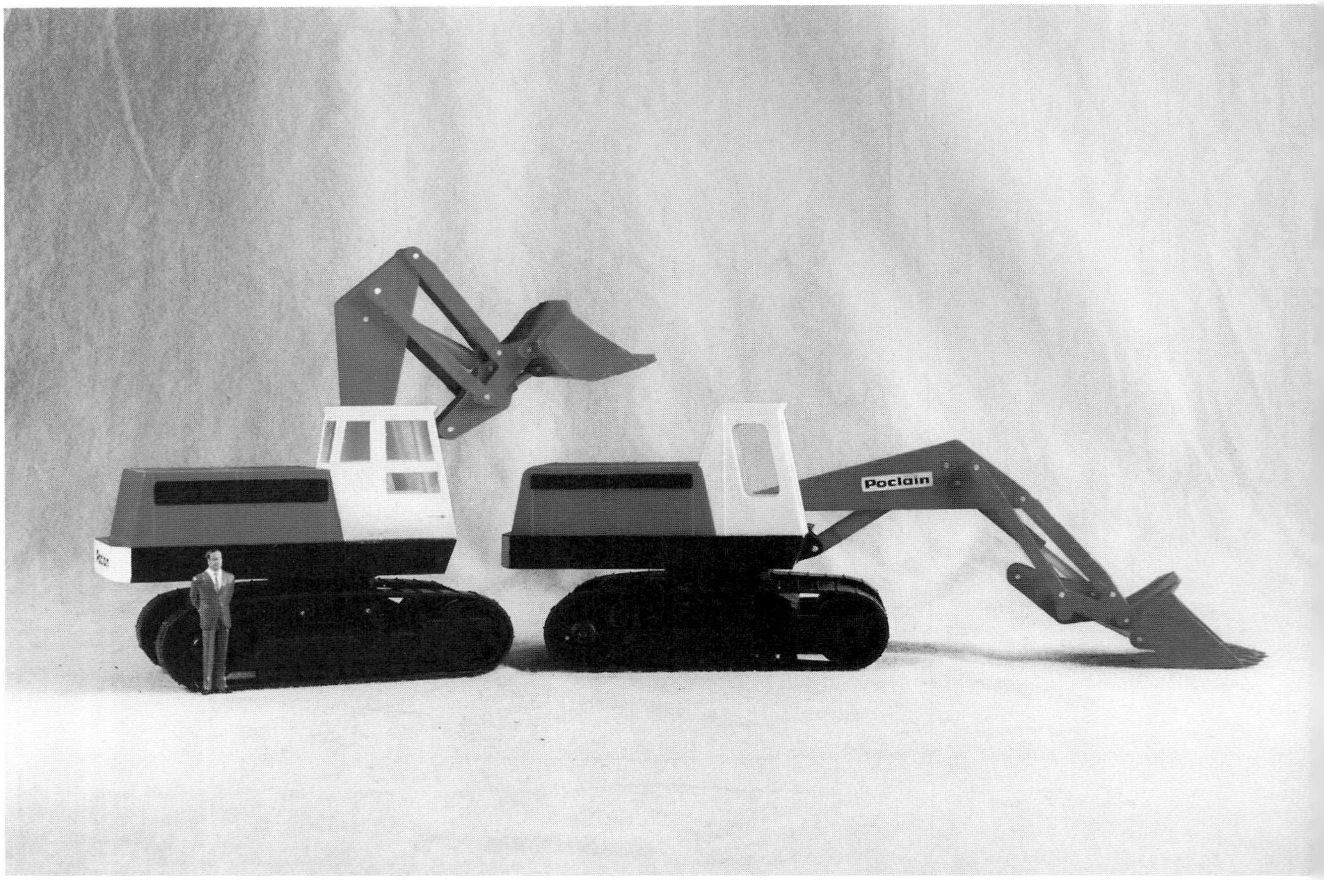

Bild 353: 1:43-Plastikmodell Poclain GC 120 von Bourbon mit altem und neuem Fahrerhaus und merkwürdiger, etwas umständlich erscheinender Ladeschaufel-anlenkung mit Parallelführung.

Poclain, sondern auch andere französische Baumaschinenhersteller wie Sambron und Potain distanzieren (Bilder 353, 354). Der französische Modellhersteller Eligor (später CEF) erkennt die Zeichen der Zeit und produziert für Liebherr France das bis dahin wohl größte Werbemodell eines Hydraulikbaggers (Bild 355). Noch 1978 übertrifft Eligor den eigenen Rekord mit dem mächtigen 1:50-Modell des 160-t-Baggers 1000 CK von Poclain mit Tieflöffel- und Klappschaufelausrüstung.

Eigentliches Ursprungsland der 1:50-Modellflut ist Deutschland. In den 70er

Bild 354: Das hohe Turmdrehkranmodell des Potain Topkit gab es im Maßstab 1:50 von Bourbon auch mit längerem Ausleger, höherem Turm und mit Motoren und Kabelfernsteuerung.

Bild 355: Mit seinen Metallgeländern, -leitern und auffälligem Steinschlagschutz war der Liebherr 981HD von Eligor ein vorbildliches, gut detailliertes Werbemodell im Maßstab 1:50.

Bild 356: Eine Heckmotor-Laderaupe Deutz DL 1300 (in 1:43) belädt einen Faun K 55.5 (in 1:52), beide von Gama; der legendäre Cat 769B von Gescha im Maßstab 1:50 fährt gerade los.

Jahren versuchen mehrere Modellhersteller, an der vielversprechenden Entwicklung teilzuhaben. Wir hören die inzwischen schon vertrauten Namen Cursor, Gama, Gescha und NZG (Bilder 356, 357).

Gama-Werbemodelle der 70er Jahre sind der hydrostatisch angetriebene Faun-Knicklenker K 22.2, der Faun K 55.5 (mit O&K-Zeichen wird dieser arme 50-Tonner als maßstäblich völlig falscher K 100 später bis zu 100 t verkraften müssen ...), eine Deutz-Laderaupe und ein Ahlmann-Schwenklader. Von Cursor erscheinen verschiedene Hanomag- und Massey-Ferguson-Raupen sowie der O&K-Radlader L 25.

Gescha und NZG sind einsam an der Spitze die Marktführer bei Baumaschinen-Werbemodellen aus Zinkdruckguß. Zu den ersten Gescha-Modellen zählen die Caterpillar-Modelle des Muldenkippers 769B, des Graders 12F, des Rad-laders 920 und der Planierraupe D9G (Bild 358).

Bild 357: Entwicklung von Hanomag-Planierraupen en miniature im Maßstab 1:50. Rechts eine K12c von Cursor, in der Mitte die Hanomag K12D auch als Massey-Ferguson MF 600C, links eine neuere D 680E von Conrad.

1971 übernimmt die deutsche Firma Conrad den Spielzeug- und Modellhersteller Gescha und damit auch den Markennamen Strenco. Ab 1973 wird der Name Gescha durch Conrad ersetzt.

Schon in den frühen 70er Jahren knüpfen Conrad und NZG intensive Kontakte zu vielen europäischen und amerikanischen Baumaschinenherstellern. Das Resultat sind zahlreiche außergewöhnliche Werbemodelle, die wegen ihrer vergleichsweise geringen Stückzahlen in zwei Jahrzehnten äußerst rare, sehr gesuchte Sammlerexemplare sein werden (Bilder 359 bis 361).

Bild 358: Drei alte Cat-Raupen – die D9G und der Rohrleger 594 von Gescha mit der 32-t-Laderaupe 983 von NZG – lassen im Maßstab 1:50 Baustellenflair der 70er Jahre aufleben.

Bild 359: Seltene Modelle bereiten, wenn es sie auch noch in verschiedenen Versionen gibt, Sammlern Kopfzerbrechen: DJB-Knicklenker D 275 und D 300 in 1:50 von NZG mit unterschiedlichen Frontpartien.

Bild 360: Fast ausschließlich auf den amerikanischen Markt gelangten die wenigen NZG-Modelle des Clark-Lima-Baggers 2505, was ihm den Ruf der wohl begehrtesten NZG-Baumaschine einbrachte.

Bild 361: Außergewöhnliche Vorbilder als 1:50-Werbemodelle von NZG waren der massige Hydraulikbagger Bucyrus-Erie 40-H und der Cat 621 mit aufgesatteltem Athey-Kipper PR 621.

Einige Werbemodelle werden den Chronisten Mühe bereiten: Warum müssen sie größer als im Maßstab 1:50 gefertigt sein, warum kleiner als die „Großen“ der Maßstäbe 1:35 und 1:25? Wie soll man solche Modelle einsortieren? – Aufgrund der großen Nachfrage des Terex-Radladers 72-71 von Gescha aus dem Jahre 1975 entschließt sich das Terex-Management, drei weitere 1:40-Modelle bei Gescha und NZG zu bestellen, und zwar die Planierraupe 82-50, den Scraper TS-14B und den Muldenkipper 33-07 (Bild 362).

Bild 362: Herkömmliche 1:50-Modelle sollten klein wirken gegen die mächtigen 1:40-Werbemodelle des Terex-Muldenkippers 33-07 von NZG und des Terex-Radladers 72-71 von Gescha.

Bild 363: Drei beachtliche Fiat-Allis-Baumaschinen – der Hydraulikbagger FE40, der Radlader FR20 und, hier, die Laderaupe FL20 – wurden von Oldcars in Italien im Maßstab 1:50 produziert.

Bild 364: Wer der amerikanische Modellhersteller des International Harvester PAYloader 560 im Maßstab 1:50 sein könnte, lieferte Anlaß zu zahllosen Gerüchten und Vermutungen ...

Bild 365: 1:50-Modell des Cat 235 vom US-Hersteller Winross (vorne); die übernommenen, etwas variierten und detaillierteren Gußformen wandelte der spanische Hersteller Joal zum Cat 225 im Maßstab 1:43 (hinten).

Auch bei Terex weiß man mit Modellen umzugehen. Im Rahmen eines Personalwechsels zur Entwicklung des neuen Radladers 72-21B heißt es unter einem Bild in der Hauszeitschrift „Terex Today“: „Eine symbolische Handlung – Larry Evert und Pete Cadou tauschen Terex-Modelle zur Symbolisierung ihrer neuen Tätigkeitsbereiche“; getauscht werden der Radlader 72-71 und der Scraper TS-14B.

Nur wenige andere europäische Modellhersteller greifen die Idee der 1:50-Baumaschinenwerbemodelle auf. Eine knappe Handvoll äußerst detailreicher, sehr gut gemachter Modelle italienischer Baumaschinen fertigt die ebenfalls italienische Firma Oldcars, nachdem der Fiat-Konzern den US-Baumaschinenhersteller Allis-Chalmers erwirbt (Bild 363). Außer Fiat-Allis-Baumaschinen enthält das kleine Sortiment noch einen Rossi-Radlader 1600B.

Die Position der deutschen 1:50-Hersteller ist stark, amerikanische Firmen scheinen hier den Anschluß zu verpassen. International Harvester läßt in den Vereinigten Staaten ein recht schönes, doch etwas rauh wirkendes 1:50-Werbemodell des im Produktprogramm bedeutenden Radladers PAYloader 560 herstellen (Bild 364).

Um auch einmal die Produktion von 1:50-Werbemodellen auf „heimischer Scholle“ zu probieren, beauftragt die Werbeabteilung von Caterpillar 1976 den US-Hersteller Winross, bekannt für Lkw-Modelle, vom neuen Cat-Hydraulikbagger 235 Maßstabsmodelle zu fertigen. Bei dem später gesuchten 1:50-Modell sind sogar die Hydraulikzylinder aus Metall und nicht, wie bei den meisten anderen Cat-Werbemodellen, aus unrealistischem schwarzen Plastik (Bild 365). Dennoch wird dies das einzige Baumaschinenmodell von Winross sein, und Joal übernimmt später die Gußformen und ändert den Cat 235 in einen 225.

Bild 366: Schöne, einfache 1:50-Werbemodelle in schönen Verpackungen: Volvo-BM-Knicklenker 861 und 5350 werden vom Radlader 4400 beladen, sämtlich in 1:50 von Sijam.

Bild 367: Warum das Werbemodell der Cat-Laderaupe 977L von Diapet Yonezawa nicht im Maßstab 1:50, sondern in 1:55 nachgebildet wurde, mag auch zukünftig ein Rätsel bleiben.

Immer internationaler werden die wirtschaftlichen Verflechtungen. Der schwedische Baumaschinenhersteller Volvo BM läßt drei einfache, aber trefflich gestaltete 1:50-Werbemodelle seiner Knicklenker und Radlader bei Sijam in Hongkong fertigen (Bild 366).

Bild 368: Typisch japanisches Maßstabsgemisch bei zwei Komatsu-Bucyrus-Baggern: rechts ein 20-HT von Tomica in 1:43 mit zu öffnender Fahrerhaustür, links ein 12-HT von Shinsei in 1:48.

Bild 369: Ein bislang unbekannter japanischer Hersteller produzierte das möglicherweise erste Tadano-Werbemodell, einen vierachsigen Auto-Teleskopkran im Maßstab 1:50.

Auf Maßstäbe um 1:50 besinnen sich in den 70er Jahren auch einige japanische Modellhersteller wie Diapet mit den Yonezawa Toys, Shinsei und Tomica mit der Dandy-Serie. Doch bis in die 90er Jahre werden dort die Modellmaßstäbe bunt durcheinandergemischt, vielleicht sogar im Zufallsverfahren ermittelt... (Bilder 367, 368). Der japanische Modellmarkt wird für die meisten europäischen und amerikanischen Sammler ein Buch mit sieben Siegeln bleiben, denn welche Werbemodelle in welchen Stückzahlen wann für wen produziert wurden, bleibt rätselhaft (Bild 369).

Große und kleine Werbemodelle

Aus vielfältigen Gründen mag der Maßstab 1:50 nicht immer optimal für ein Baumaschinen-Werbemodell sein (Bild 370). Das kann beispielsweise die Produktionskosten für bestimmte Modelle betreffen, die in großer Menge verschenkt werden sollen. Sogar kleine Matchbox-Modelle aus der 1-bis-75-Serie werden von Baumaschinenherstellern wie Faun als Werbepräsent ausgegeben.

Bild 370: Drei Cat-Modelle im H0-Maßstab 1:87 produzierte NZG, und zwar die Planierraupe D4D, den Radlader 920 und den brandneuen 225, Caterpillars ersten Hydraulikbagger.

Zu unhandlich, zu aufwendig und zu teuer in der Produktion wären auch 1:50-Zinkdruckgußmodelle von Baumaschinen mit übergroßen Ausmaßen. In erster Linie betrifft dies Turmdrehkrane, die deshalb meist von Gescha und später Conrad im Maßstab 1:87 hergestellt werden (Bild 371).

Bild 371: Großer obendrehender Peiner-Turmkran aus dem Jahre 1976 im Maßstab 1:87 von Conrad mit Laufkatze und Klettereinrichtung, aus der Sammlung Wilfried Schreibers stammend.

Die kleinen Maßstäbe erlauben es sogar, kostengünstige und handliche Werbemodelle und Spielzeuge großer Tagebaumaschinen herzustellen. So entstehen in diesem Jahrzehnt die beiden einzigen Zinkdruckgußmodelle von Schaufelradbaggern (Bild 372). Die Siegerkrone für große Werbemodelle im kleinen Maßstab erhält 1978 Conrad für die Nachbildung eines 870 t wiegenden Elektro-Hochlöffelbaggers im H0-Maßstab 1:87 (Bild 373).

Schwerlich wird bei den größeren Miniaturbaumaschinen, die meist gröber und weniger detailliert gestaltet werden als ihre kleinen, feinen Brüder, in einigen Jahrzehnten zwischen Spielzeug und Werbemodell zu unterscheiden sein. Während einige zweifelsfrei als Werbe-

Bild 372: Erstes kleines Modell eines Schaufelradbaggers war der Hitachi BH-500 in 1:100 von Shinsei (rechts), 1979 gefolgt vom vollhydraulischen O&K SH 400, ebenfalls im Maßstab 1:100, von NZG.

Bild 373: Seilbagger P&H 2800 von Conrad im Maßstab 1:87, in einem Diorama von Walter Altmannshofer verfeinert und kombiniert mit einem 190-Tonnen-Muldenkipper Cat 789 von D&K-Modellbau.

modell konzipiert sind, verwischen sich bei anderen die Abgrenzungen. Hin und wieder versuchen Spielwarenfabrikanten, für diesen oder jenen Baumaschinenhersteller Werbemodelle zu produzieren. Dies mag auch umgekehrt verlaufen: Ein Baumaschinenhersteller wird auf ein schönes Spielzeugmodell aufmerksam und vergibt es als Werbepräsent (Bilder 374 bis 377).

Bild 374: Der batteriegetriebene Mitsubishi Yumbo aus Plastik im Maßstab 1:32 erinnert an den japanischen Lizenzbau der französischen Yumbo-Hydraulikbagger (Sammlung Josef Pertler).

Einige interessante Spielzeug- oder Werbemodelle hat die damalige Tschechoslowakei zu bieten. Dies beinhaltet sowohl Vorbilder aus westlicher als auch einheimischer Produktion, wobei der Hersteller ZTS im Vordergrund steht, dessen Baumaschinen über Strojexport vertrieben werden (Bild 378). Eine Fiat-

Bild 375: In den 70er Jahren gab es kleine JCB-Hydraulikbagger von Gama (1:55 und 1:20, siehe Bilder 348 und 382), Matchbox (1:46), NZG (links, 1:35), Britains (rechts, 1:32).

Bild 376: Nach dem Konkurs von Dinky Toys versuchte Meccano France, eine Serie großer Spielzeugmodelle wie diesen JCB-Baggerlader, teils aus Plastik, teils aus Druckguß, auf den Markt zu bringen.

Bild 377: Nicht von einem Cat-Diesel, sondern von Batterien wurde der 52 cm lange, ferngelenkte Scraper Cat 631 Serie B im Maßstab 1:25 der französischen Firma Simap angetrieben.

Bild 378: Schönes Spielzeugmodell der ZTS VV100 mit zu öffnender Walzbandage für die Ballastierung und nach außen gewölbten Seitenscheiben für gute Fahrersicht direkt neben die Walze.

Planierraupe und ein Caterpillar-Scraper sind jedoch zweifelsfrei als Spielzeug gedacht (Bilder 379, 380). Die vorderen Ösen des Cat-Scrapers weisen auf eine denkbare Push-Pull-Version hin, die es aber nicht bei diesem Scrapervorbild, sondern nur beim Doppelmotorscraper Cat 627 gibt!

Deutschland, Heimat zahlloser großer Spielzeugbaumaschinen und schöner Werbemodelle, bringt dutzendweise großmaßstäbliche Nachbildungen auf den Markt (Bilder 381, 382). Meist sind dies jedoch keine Spielzeuge, sondern Werbemodelle der bekannten Hersteller Gescha (Conrad) und NZG. Wie im Stan-

Bild 379: Die batteriegetriebene Fiat BD20 von Gama-Tschechoslowakei wurde nicht ferngesteuert, sondern mit Schalthebel und Getriebe – sogar samt Leerlauf – vor und zurück gefahren.

Bild 380: Exakt im Maßstab 1:35 produzierte ein möglicherweise tschechischer Hersteller ein Plastikspielzeug – hier lackiert und geringfügig verfeinert – des Cat 621.

Bild 381: Im Maßstab 1:25 fing die deutsche Firma Bruder mit einem Plastikspielzeug die typische Erscheinung einer „Alexander"-Vibrationswalze von ABG ein.

Bild 382: Großer JCB 5C von Gama in 1:20 mit Hebelbedienung und urchsichtiger Motorhaube, dahinter ein Perlini T 32 der italienischen Firma Polistil im Maßstab 1:18.

Bild 383: Voll funktionsfähig in 1:35 bildete NZG beim Schaeff HR 25 – dem wohl ersten europäischen Kompaktbagger – die von Schaeff patentierte „Knickmatic"-Anlenkung des Auslegers nach.

dardmaßstab 1:50 werden auch in den größeren Maßstäben viele bemerkenswerte Baumaschinen für die Nachwelt en miniature bewahrt (Bilder 383, 384).

Ein Freund großer Maßstäbe – meist 1:35 – wird ab den 70er Jahren der US-Baumaschinenhersteller Case sein. Case wählt, wie auch JCB, diesen Maßstab, um die Werbemodelle gegenüber der Masse der 1:50-Modelle deutlich abzuheben. Dies besonders, weil die überwiegende Zahl der Case- und JCB-Produkte kleinere Baumaschinen sind, die im Maßstab 1:50 neben Modellen des Wettbewerbs im gleichen Maßstab etwas mickerig aussehen würden (Bild 385).

Bild 384: Eine der ersten Doppelvibrationswalzen war die kompakte, eigenartig breite Bomag BW 200, hier in zwei unterschiedlichen Versionen im Maßstab 1:25 von NZG.

Bild 385: Wie für viele andere Modelle wählte Case auch für die kleine 7,8-t-Planierraupe 850, hier mit der späteren B-Version, ebenfalls von NZG, den Maßstab 1:35, um sich von 1:50 abzuheben.

Eine Reihe anderer amerikanischer Baumaschinenhersteller verweilt lieber noch beim vertrauten großen Maßstab 1:25 und läßt derartige Werbemodelle auch in Deutschland produzieren (Bild 386). Andere US-Unternehmen wie John Deere und International Harvester bleiben bei heimischen Modellfabrikaten, natürlich dominiert dabei Ertl mit seinen Miniaturen aus Zink- und Aluminiumguß. Von Ertl erscheinen John-Deere-Scraper, -Planierraupen, -Bagger, -Radlader und

Bild 386: In bester Qualität mit vielen Einzelheiten und beeindruckendem FOPS/ROPS-Schutz fertigte Gescha für den amerikanischen Hersteller Michigan den Radlader 75 im Maßstab 1:25.

Bild 387: Der John Deere JD 570 war der erste Grader mit Rahmenknicklenkung, schön veranschaulicht bei diesem Zinkdruckgußmodell von Ertl im Maßstab 1:25 mit etwas simpler Scharmechanik.

-Grader (Bild 387) sowie International PAYhauler und PAYdozer (Bild 388).

In den 70er Jahren rollen uns auch munter die ersten Modelle der Kompaktladerflut entgegen. Allen voran läßt Clark Melroe Modelle der Bobcat-Kompaktlader in den Maßstäben 1:24 und 1:25 herstellen, sogar von so unkonventionellen Werbemodell-Produzenten wie Gama und Tonka (Bild 389). Der US-Baumaschinenhersteller Owatonna Manufacturing Co. (OMC) geht einen Schritt weiter und läßt bei Ertl die Werbemodelle der Mustang-Kompaktlader besser im noch größeren Maßstab 1:16 fertigen.

Den uns aus den 60er Jahren bekannten Muldenkipper Haulpak 65 von Ertl im Maßstab 1:36 (siehe Bild 218) nutzt Wabco für pfiffige Werbung. In einer in vielen Bau- und Bergbau-Fachzeitschriften publizierten, doppelseitigen Anzeige steht über einem Bild, das einen Jungen im Sand beim Beladen zweier dieser Ertl-Modelle mit einem Tonka-Radlader zeigt: „Todd Peters Vater hat in den letzten

Bild 388: Im exotischen Maßstab 1:27 gestaltete Ertl die International PAYhauler für 45 t Nutzlast, rechts der ältere 180, links der neuere 350, beide mit federgespanntem Hydraulik-Kippzylinder.

Bild 389: Der von Clark Melroe bei Tonka bestellte Bobcat 631 „Hydrostatic“ im Maßstab 1:24 war 1976 nur in den Vereinigten Staaten erhältlich; der Tonka-Schriftzug ziert groß und deutlich das Laderheck.

zehn Jahren 23 Scraper, 12 Grader, 9 Muldenkipper und einige Radlader verschlissen.“ Auf der Seite rechts daneben erfahren wir: „Es ist Jim Peters, Chefingenieur des Wabco-Testgeländes …“, dann folgen Einzelheiten über Testverfahren und Produkte.

Beim amerikanischen Lagerhersteller Torrington weiß man um die Vorteile von Modellen und zeigt in einer Anzeige in halbseitiger Bildgröße elf US-Baumaschinen der „großen“ Maßstäbe 1:25, darunter viele später sehr gesuchte von Cat, John Deere, Michigan und International

Bild 390: Lindberg produzierte drei wunderbare Plastikbausätze von Wabco-Baumaschinen, hier der Haulpak 35C im Maßstab 1:43, leider in der Serie das am wenigsten detaillierte Modell.

Harvester – die zusammen dann fast den Wert einer echten Baumaschine haben werden …

Bild 391: Einziges Modell des für nur wenige Jahre gefertigten Wabco 500 war der Lindberg-Bausatz in 1:43. Er bietet eine gute Umbaubasis für den Scoopmobile-Vorläufer samt unverwechselbarer Hub- und Schaufelkinematik.

Aus Bausätzen entstehen tolle Modelle

Besuchen wir als aufmerksame Käufer in diesem Jahrzehnt größere Spielwaren- und Modellbauläden, können wir nach intensiver Suche den einen oder anderen Modellbausatz von Baumaschinen entdecken. Haben wir Glück, dann sehen wir in einem Stapel gleich drei Bausätze übereinander, die vom amerikanischen Hersteller Lindberg stammen (Bilder 390 bis 392).

Leider haben die drei Modellbausätze verschiedene Maßstäbe. Der Muldenkipper und Radlader werden im kommenden Jahrzehnt von der französisch-englischen Firma Humbrol-Heller in der Modellbausatz-Serie „Bobcat" angeboten, und der Scraper, nachdem ein uns nicht unbekannter Hersteller von Kompaktladern Einwände erhebt, mit der Bezeichnung „Bobkit" (Kit = Bausatz). Auf den Verpackungen versucht Humbrol-Heller rührig, mit teils hanebüchenen Beschreibungen die Einsatzweisen der großen Vorbilder Kindern zu erklären …

Bild 392: Der Doppelmotoren-Elevatorscraper 333FT von Wabco, hier das reich detaillierte Lindberg-Modell in 1:62 mit heb- und senkbarem Kübel, war 1968 mit 965 PS der stärkste Scraper der Welt.

Richtig berühmt wird ein Plastik-Modellbausatz der amerikanischen Firma AMT des Caterpillar-Kettendozers D8H im Maßstab 1:25 (Bild 393). Das Modell ist bis ins kleinste Detail sorgfältig gearbeitet, bietet einen Heckaufreißer und schön gestaltete Einzelkettenglieder aus Kunststoff, die später vielen Modellbauern die Basis für Umbauten und Eigenkreationen liefern werden.

Bild 393: Der vielleicht bekannteste Modellbausatz einer Baumaschine ist die Cat D8H von AMT (später Ertl) im traditionellen amerikanischen Maßstab 1:25, hier gebaut und gealtert von Holdi Langendorf.

Den AMT-Bausatz übertrifft bezüglich der Detaillierung und Modellausstattung noch der 1:25-Plastikbausatz eines International-Muldenkippers aus der Ertl-Serie „Blueprint Replica“ (Blaupausen-Replik), aus mehr als 300 Einzelteilen bestehend (Bild 394). Sogar der 560 PS starke Zweitaktmotor von Detroit Diesel ist absolut vorbildgetreu. Unter einer abnehmbaren Abdeckung kommt die ansonsten versteckte, aber detaillierte Batterienachbildung zum Vorschein. In der gleichen Ertl-Serie erscheint außer-

Bild 395: In einer ungewöhnlichen Papprröhre wurde der Weißmetallbausatz des Euclid R-50 von Jones aus England im Maßstab 1:72 ausgeliefert, hier gebaut von Ron Coens.

dem ein 1:25-Plastik-Modellbausatz des Baggerladers John Deere 350.

Außergewöhnlich sind als reine Werbemodelle bestimmte Bausätze – Euclid macht es möglich. Die englische Firma Jones produziert einen sehr aufwendigen Weißmetallbausatz des neuen Euclid R-50, der – sofern jemand das Modell baut – auf schöne Weise das Styling, die neuen Fahrerhäuser und die patentierte Vorderradaufhängung der neuen Euclid-Baureihe demonstriert (Bild 395).

Ein anderer Weißmetallbausatz einer Euclid-Baumaschine hängt seiner Zeit etwas hinterher, ist dennoch nicht minder attraktiv (Bild 396). Nun zeichnet

Bild 396: Als H0-Modellbahnzubehör war der Weißmetallbausatz des Euclid S-14 von Stewart bestimmt – zu dieser Zeit wurden die Scraper nicht mehr von Euclid, sondern von Terex gefertigt.

Bild 394: Genau wie sein echter großer Bruder wirkt der von Holdi Langendorf fertiggestellte 1:25-Bausatz des International PAYhauler 350 von Ertl – für das Foto war sogar eine kleine Pause möglich.

sich auch eine Entwicklung ab, die verstärkt erst in den 80er und 90er Jahren einsetzen wird: Oldtimer-Modelle berühmter Baumaschinen als Weißmetallbausätze im H0-Maßstab 1:87 (Bild 397; siehe Bilder 118 und 121).

Andere bekannte amerikanische Baumaschinenhersteller folgen Euclids Tradition und lassen ebenfalls mehr oder weniger detaillierte Gußmodelle ihrer Muldenkipper anfertigen (Bild 399). Auf der Hand liegt dies bei Terex, der Division

Bild 397: Raupen-Oldtimer von Caterpillar als Weißmetallbausätze im H0-Maßstab: links eine D6 von Dyna, in der Mitte eine D7 mit seilbetätigtem Schild, rechts ein No. 6 „Traxcavator", beide von Woodland Scenics.

Solide und aus (fast) einem Stück

Wie in den Kapiteln zuvor, so begleiten uns auch in den 70er Jahren die vertrauten amerikanischen Werbemodelle aus solidem Metall, sei es Bronze, Gußeisen oder Weißmetall (Hartzinn), die stets in nur begrenzten Auflagen hergestellt werden. Tradition sind solche Modelle bei Euclid, und daher läßt man sich die Chance nicht entgehen, den Muldenkipper R-50 als ersten einer gänzlich neuen Baureihe in dieser Modellform zu präsentieren (Bild 398). Für ein Modell des kleineren R-35 wird im nächsten Jahrzehnt allerdings Conrad beauftragt.

Bild 398: Dank seines schönen Maßstabes von 1:50 paßt das Bronzeguß-Werbemodell des Euclid R-50, bei dem nur die Räder beweglich sind, bestens zu späteren Euclid-Modellen.

Bild 399: Exklusives Weißmetall-Werbemodell eines Mack M-75 – sogar an eine kleine Bulldogge als Mack-Kühlerfigur wurde gedacht – aus der Sammlung von Brandon Lewis.

Bild 400: Den 77 t ladenden Muldenkipper 33-11 wählte die Terex Corp. als Vorbild für das schwere Bronzegußmodell im ungewohnten Maßstab 1:65.

Bild 401: Der neue Radlader 72-21B erschien Terex bedeutend genug, um davon ein sauber detailliertes Werbemodell aus massivem Weißmetall im Maßstab 1:60 produzieren zu lassen.

Bild 402: Als Briefbeschwerer ist die 50fach verkleinerte Caterpillar D9G immer noch schwer genug, um auch auf dicken Papierstapeln ausreichend zu lasten …

von General Motors, die das Euclid-Produktprogramm in den 60er Jahren größtenteils übernahm (Bilder 400, 401).

Manche bezeichnen die Gußmodelle als Briefbeschwerer, und ein solcher soll sicherlich der massive Guß einer Caterpillar D9G sein (Bild 402). Die Formgebung könnte dem 1:50-Werbemodell der D9G von Gescha nachempfunden sein (siehe Bild 358), was vielleicht bequemer ist als die Maße des Vorbildes von Zeichnungen abzunehmen.

Die Industrie baut auf Modelle

In den 70er Jahren wird die drastische Verkürzung der Innovationszyklen schon spürbar; die Entwicklung neuer Baumaschinen erfolgt immer beschleunigter. Wehe dem Hersteller, der auf einer der großen Messen nicht mit neuen Produkten präsent ist. Modelle sind dabei ein

Bild 403: Der Haulpak 50C von Wabco füllte bei der Bergbaumesse 1976 in Düsseldorf fast den kompletten Wabco-Stand; dennoch war noch genügend Platz für ein großes Holzmodell des gleichen Muldenkippers (rechts).

Bild 404: Der DDR-Hersteller Takraf ließ von seinen Schaufelradbaggern für Messezwecke sehr detaillierte Metallmodelle anfertigen, hier ein Bagger für den weltgrößten Steinkohlentagebau Ekibastus in Rußland.

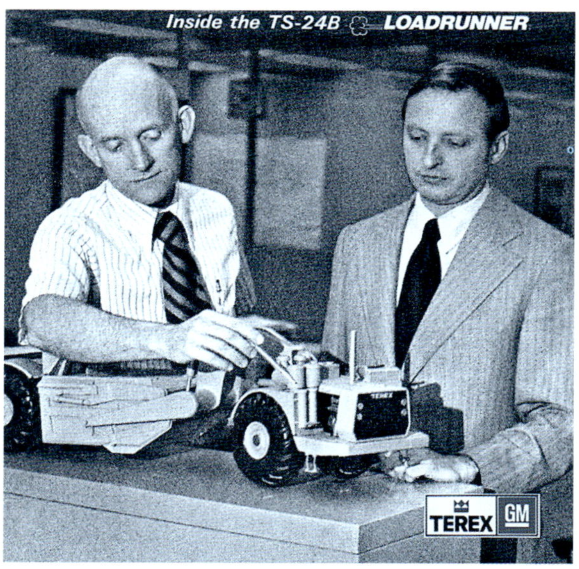

Bild 406: Pete Cadou (links), bei Terex in Ohio Scraper-Chefkonstrukteur, und Jim Schiltz, Scraper-Verkaufsmanager, hinter einem Modell des TS-24B „Loadrunner" mit innovativer Vorderachsfederung.

willkommenes Mittel, die Aufmerksamkeit der Messebesucher und potentiellen Käufer auf sich zu lenken (Bilder 403, 404).

Häufig arbeiten die Konstruktionsbüros der Hersteller mit anschaulichen Modellen an den Entwürfen für neue Baumaschinen. In diesen Jahren, als der Blick der Menschen noch frei ist und nicht die überwiegende Zeit des Tages am

Bild 405: Handmodell des Scraper-Prototyps MoAZ-6014 im Konstruktionsbüro des ehemals sowjetischen Baumaschinenherstellers Belaz (BelAvtoMAZ), vorgesehen für den Bau des Sirogossky-Kanals.

Computerbildschirm haftet, sind Modelle die einzig praktikable Möglichkeit, Maschinen dreidimensional begutachten zu können – im Osten wie im Westen (Bilder 405, 406).

Bild 407: Der Baggerhersteller Marion propagierte auf Bergbaumessen sein „SuperFront"-Konzept für Seilbagger (auch Bild 11) – hier ein mittels realistischem Bedienpult fernsteuerbares Modell.

Für uns ist es nichts Neues, für euphorische Konstrukteure und Marketingleute schon – mit Modellen lassen sich riesige Tagebaumaschinen vorzüglich darstellen und erklären. Besondere Bedeutung erlangt dieser Aspekt bei gänzlich neuen, ungewohnten Maschinenkonzepten (Bilder 407 bis 409).

Große Tagebaumaschinen werden nicht „einfach mal so" in Serie gebaut, und von den ersten Entwürfen bis zur ersten

Bild 408: Zugmaschine und Sattelanhänger zu einem kompakten, auf kleinster Fläche wendenden Bodenentleerer mit geringem Eigengewicht vereint: Kress schaffte dies 1970 mit dem neuartigen „Coal Carrier".

arbeitenden Maschine ist es oft ein langer Weg von ein bis zwei Jahren. Da Bilder mehr als viele Worte sagen, reicht die rein textliche Ankündigung der Neuheit nicht aus. Hier bietet sich dank exakt gefertigter Handmodelle die Möglichkeit, der Branche einen ersten optischen Eindruck zu vermitteln (Bilder 410, 411).

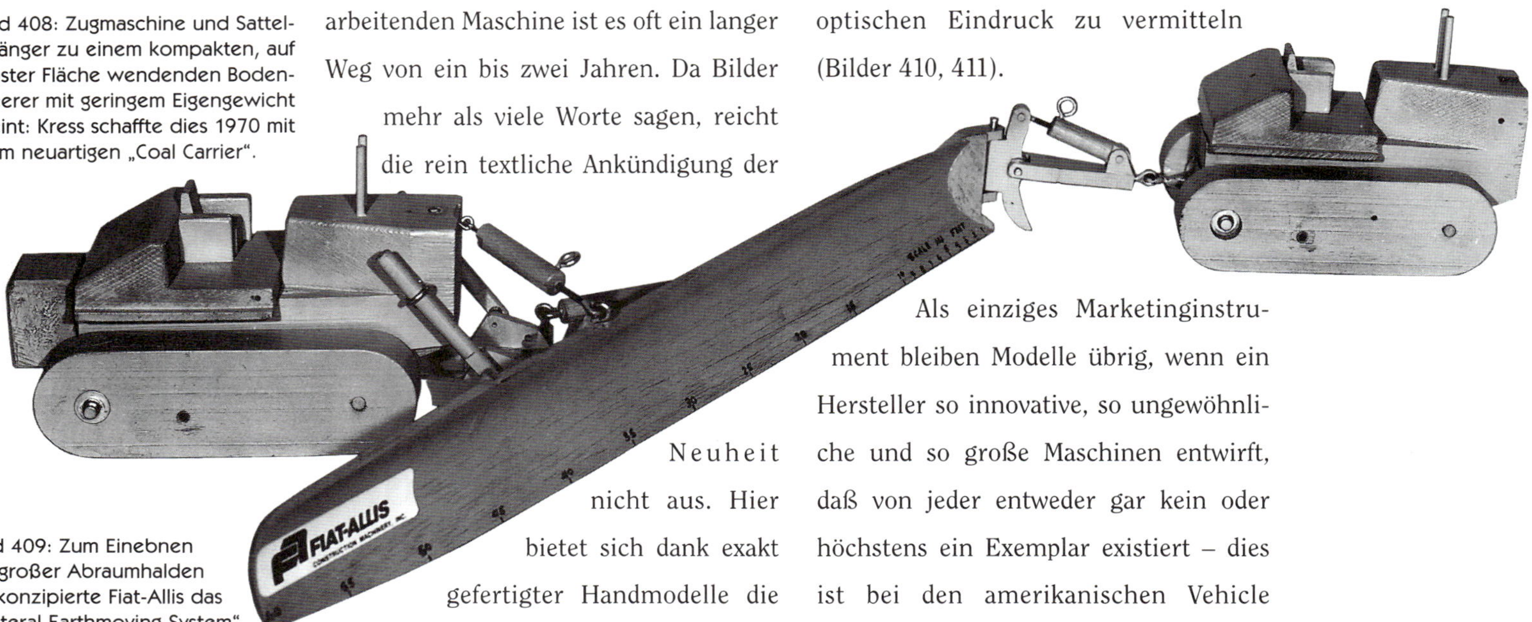

Bild 409: Zum Einebnen großer Abraumhalden konzipierte Fiat-Allis das „Lateral Earthmoving System" mit zwei Raupen 41B (zusammen 1.048 PS) und einem 18,3 m breiten Verstell-Planierschild.

Als einziges Marketinginstrument bleiben Modelle übrig, wenn ein Hersteller so innovative, so ungewöhnliche und so große Maschinen entwirft, daß von jeder entweder gar kein oder höchstens ein Exemplar existiert – dies ist bei den amerikanischen Vehicle Constructors (VCON) der Fall. Die kleine

Bild 410: 1978 stellte Bucyrus-Erie im Modell den neuen Schleppschaufelbagger 300-D vor: 380 t Gewicht auf vier Raupenfahrwerken mit 11,7 m³ großem Kübel an bis zu 67 m langen Auslegern.

Bild 411: Schon immer befürwortete Bucyrus-Erie schöne Modelle (siehe Bilder 30, 72 und 410); auch der 880-t-Bagger 395-B mit 26-m³-Standardlöffel wurde 1978 zunächst als Modell präsentiert.

Firma um Pete Trenary wandert 1975 zum Baggerhersteller Marion (siehe auch Bild 11). VCON baut 1971 den höchst bemerkenswerten Muldenkipper 3006 für 260 short tons Nutzlast (Bild 412), drei Stück des weltgrößten Raddozers, aus

Bild 412: 1971 war der VCON 3006 mit 410 t Gesamtgewicht der bei weitem größte Muldenkipper – mit quer hängendem Dieselelektromodul, vier Radpaaren mit bis zu acht E-Motoren und zwei beweglichen Rahmenlängshälften.

Bild 413: Den 186 t wiegenden, 1.500 PS starken „Tractor/Dozer" V220 wollte VCON mit 7,9 m breiter Schaufel auch für „Load-and-Carry"-Transportbetrieb mit 45 t Schaufelnutzlast einsetzen.

Bild 414: Leider hat er nur als Versuchsmodell existiert, der VCON 504. Seine 27 m³ fassende Schaufel hätte sich mittels LeTourneau-ähnlicher Zahnradmechanik aus dem Stand um 2,44 m vorwärts bewegt – ohne Reifenverschleiß!

dem eine „Load-and-Carry"-Version entsteht (Bild 413), und entwirft einen erstaunlichen Radlader (Bild 414).

Modelle aus der Bastelkiste

Faszinierend sind viele Baumaschinen dieses Jahrzehnts, und ganz vereinzelt überträgt sich diese Faszination auch auf Modellbauer. Im Vordergrund stehen dabei meist die Superlative, die jeden überwältigen, der auf irgendeine Weise mit solchen Gigantmaschinen in Kontakt kommt (Bild 415).

In den 70er Jahren schaffen es mehrere Hersteller, mit ihren Muldenkippern die 200-t-Nutzlasthürde erfolgreich zu nehmen. Ein interessanter Maßstab zur Nachbildung der Riesenkipper ist 1:87 (Bilder 416, 417). Für die Modellbahnspur H0 ist diverses Zubehör erhältlich, das sich für Dioramen eignet – und 1978 stellt Conrad mit dem 1:87-Modell des Löffelbaggers P&H 2800 ein geeignetes Ladegerät zur Verfügung (siehe Bild 373).

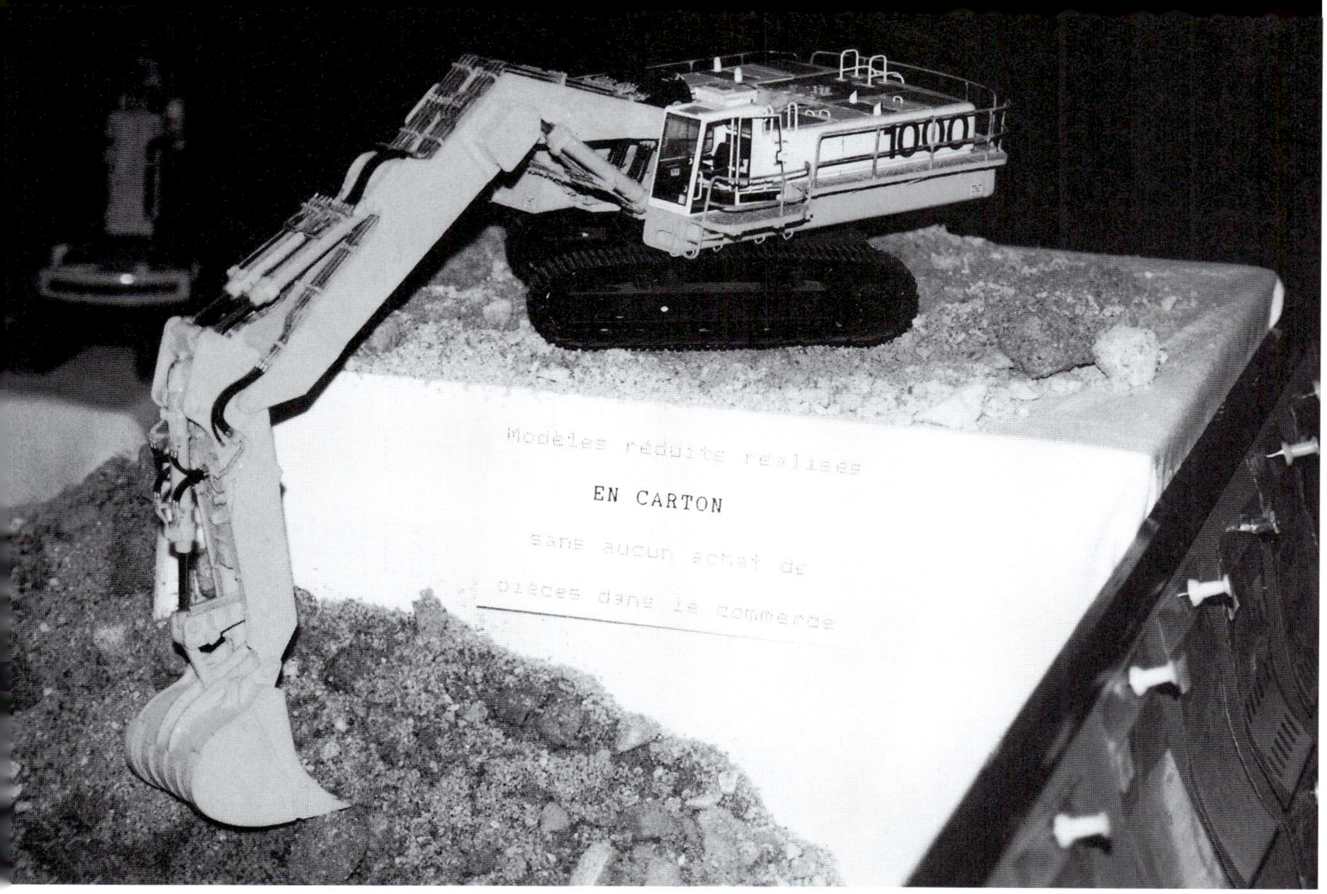

Bild 415: Gänzlich aus Pappe und meisterhaft detailliert baute Christian Voreaux im Maßstab 1:50 den 160-t-Bagger Poclain 1000 CK; sogar die Kabinentür war zu öffnen.

Bild 416: Der „Lectra Haul" M-200 von Unit Rig durchbrach als erster zweiachsiger Muldenkipper die magische Nutzlastgrenze von 200 short tons; hier in 1:87 aus Aluminiumblechen.

Bild 417: 213 t Nutzlast, 379 t Gesamtgewicht, 2.475 PS starker Lokomotivendiesel – eine Meisterleistung im Muldenkipperbau vollbrachte Wabco 1972 mit dem Haulpak 3200, nachgebaut von Emmo Cohrs als 1:87-Kunststoffmodell.

Die meisten Umbauten und Eigenbauten von Baumaschinenmodellen werden in den kommenden Jahrzehnten im gängigen Maßstab 1:50 erfolgen, und auch in den 70ern ist dies nicht anders. Oft dienen bei solchen Projekten auf dem Modellmarkt erhältliche Werbemodelle als Ausgangsbasis (Bild 418). Bei Eigenbauten ist es noch schwierig, geeignete Komponenten aufzutreiben, denn der

Bild 418: Ein Fahrer bediente die 770 PS starke, 86,2 t schwere Doppelraupe SxS D9G von Caterpillar mit 7,3 m breitem Planierschild; zwei Conrad-Modelle des Maßstabs 1:50 wurden entsprechend umgebaut.

Bild 419: Mit 186 t Gewicht, 1.500 PS Leistung und 8 m breitem Schild war der 15,7 m lange VCON V220 die größte je gebaute Planiermaschine und auch als ferngesteuertes 1:50-Funktionsmodell sehr beeindruckend.

Bild 420: Russische Planierraupe T 100 als 57 cm langes, ferngesteuertes Modell aus 0,5 mm dicken Stahlblechen im Maßstab 1:10 mit Elektroseilwinden zur Schildbetätigung, gebaut von Helmut Reschke.

Bild 421: Eine interessante Obendreherkonstruktion war der deutsche Kaiser HBK 50 mit einer Laufkatze am knickbaren Nadelausleger (Wippausleger), ein 1:50-Modell von Peter Veicht aus der Sammlung Wilfried Schreibers.

Bastler- und Modellbausektor beginnt sich erst langsam zu formen. Reifen für Modellflugzeuge, Geländer für den Industriemodellbau, Schiffsantriebe – sämtliche Mittel sind für individuelle Modelle willkommen (Bild 419).

Sehr ungewöhnlich sind in diesen Jahren noch große, ferngelenkte Baumaschinenmodelle in größeren Maßstäben. Helmut Reschke wagt sich 1973 an ein solches Projekt, einige Jahre später kann er mit einer voll funktionstüchtigen sowjetischen Planierraupe T 100 (= 100 PS) im Maßstab 1:10 arbeiten – oder spielen? Bei dem Modell funktionieren sogar Tilteinrichtung, Licht und Hupe vorbildgetreu (Bild 420).

Historische Modelle der 70er Jahre

Auch wenn sie für viele von uns gar nicht so lange zurückzuliegen scheinen, sind die 70er Jahre doch ein unwiederbringliches Vierteljahrhundert weit in der Vergangenheit. Baumaschinen aus dieser Zeit wirken zwar modern, dennoch sind sie Oldtimer. So dürfen wir auch in diesem Kapitel einen kleinen historischen Diskurs anhand von Modellen wagen, die genau um dieses Vierteljahrhundert später entstehen und auf unnachahmliche Weise Technikgeschichte dokumentieren werden (Bilder 421, 422).

Bild 422: Der deutsche Rosenkranz K 1000 war 1971 der erste Mobilkran mit 1.000 t Tragkraft. Der abgebildete im Maßstab 1:12 (!) von Stephen Taylor zählt mit 6 m langem Hauptausleger zu den größten Kranmodellen der Welt.

Bild 423: Frisch baute den Raddozer F 2020 mit seitlicher Frontkabine und Lypsoid-Reifen (ATM, 1:50), Pingon den Hydraulikbagger 14C mit hochklappbaren Rädern für sicheres Arbeiten auf langer und breiter Standbasis (Mantova Modelli, 1:50).

Allerlei Baumaschinen, die in diesem Jahrzehnt keinesfalls selten sind, werden bald schon fast vergessen sein und dann nur noch wie Exoten anmuten. Das betrifft besonders einige französische und deutsche Konstruktionen, die sich zwar bei unzähligen Einsätzen bewährten und in der Baustellenpraxis recht beliebt waren, sich aber – aus welchen Gründen auch immer – nicht auf breiter Basis durchsetzen konnten. Da diese Konstruktionen nicht überleben werden, erinnern bald nur noch Modelle an ihre Existenz (Bilder 423, 424).

Bild 425: Vorläufer des Poclain 1000 CK (siehe Bild 415) war 1971 der 140-t-Bagger EC 1000, von CEF/Virus aus Frankreich in Tieflöffel- und Ladeschaufelversion als limitiertes 1:50-Modell nachgebaut.

Bild 424: Hans-Peter Weigel von Unicata Modellbau verwandelte ein 1:50-Gama-Modell in eine außergewöhnliche Schwenkladeraupe, die hydrostatisch angetriebene, 14 t schwere Ahlmann ARS 12 mit 1,6-m^3-Schaufel.

Bild 426: Zwar weltgrößter Hydraulikbagger, aber zu früh für seine Zeit und nicht von Erfolg gekrönt war der 475 t schwere O&K RH300 mit 22-m³-Klappschaufel, hier ein 1:50-Modell des ersten RH300 von Peter Kaim.

Die Wettrennen der Giganten – in den 70er Jahren startete der Konkurrenzkampf, wer den größten Hydraulik- oder Seilbagger, Radlader, Kettendozer, Muldenkipper baut, voll durch. Die Werbewirksamkeit der „Größten" für einen bestimmten Markennamen ist anscheinend durchschlagend. Mindestens bis zur Jahrhundertwende wird der Wettkampf anhalten, wer den Siegertitel als Erbauer des größten Hydraulikbaggers erhalten darf (Bilder 425, 426).

Parallel zu den Baggerwettkämpfen werden die Muldenkippermeisterschaften ausgetragen: Unit Rig schaffte schon 1968 die Nutzlast-Schallmauer von 200 short tons; Wabco, Euclid und VCON folgen zu Beginn der 70er Jahre, Dart entwirft zumindest einen 200-Tonner – nur Terex ist nicht dabei.

Als „König der Erde“ (Terra Rex ist abgekürzt Terex) möchte man sich nicht lumpen lassen, wagt einen gewaltigen Nutzlastsprung um immerhin 75 Prozent auf 350 short tons und konstruiert den weltgrößten Muldenkipper, den legendären Terex Titan 33-19 im Jahr 1974. Legendär, weil das einzige Exemplar nach wechselnden Einsatzorten doch noch im fernen Kanada vor der Verschrottung gerettet und als kaum übersehbares Technik-Dokument museumsartig ausgestellt wird.

Da das einzige vom Terex Titan 33-19 erhältliche kleine 1:132-Modell (siehe Bild 328) das Flair des 3.300 PS starken und 20,3 m langen Riesen kaum spiegelt, läßt ATM aus Frankreich mehr als 20 Jahre später als exklusive Sammlerstücke 40,2 cm lange, beeindruckende Resinmodelle im Maßstab 1:50 anfertigen (Bild 427). Sowohl das große Vorbild als auch die kleinen Nachbildungen dürfen sicherlich ein würdiger Abschluß der „kleinen“ und „großen“ technischen Entwicklungen dieses Jahrzehntes sein. Nun kommt also die Neuzeit – was wird sie für uns bereithalten …?

Bild 427: Ein ähnliches Schicksal wie der O&K RH300 teilte der beladen 554 t wiegende Terex Titan 33-19 von 1974 – nur einer wurde gebaut. Später folgen viele mehr, allerdings von ATM um das 50fache verkleinert.

VII.

80er Jahre

Vom Werbemodell zur Sammlerleidenschaft

Die 80er Jahre sind eigentlich schon die Zukunft – wer hätte je gedacht, daß das Orwell-Jahr 1984 so rasant näher rücken könnte? Rasant waren die Fortschritte der 70er Jahre, wie soll sich dies erst in den 80er Jahren entwickeln? – Bald aber werden sogar die 80er Jahre Vergangenheit sein, und aus der Sichtweise der Zukunft werden wir verstehen, wie Umweltbelastungen, Wirtschaftskrisen und soziale und psychologische Probleme vielen Zukunftseuphorien einen gehörigen Dämpfer verpassen werden.

Demag, einer der Pioniere gigantischer Hydraulikbagger, läutet die 80er Jahre mit einer wahren Science-Fiction-Anzeige in diversen Fachzeitschriften ein. Das Motiv ist auch als großes Poster erhältlich (Bild 428). Leider handelt es sich bei dem H 671 um ein merkwürdiges Hybridmodell: Der „Unterwagen" stammt

Bild 428: Futuristisch geht es in die 80er Jahre: Winzig erscheinen die drei Astronauten vor einem fiktiven Modell des Phantasiebaggers Demag H 671 – fernab irdischer Realität.

von einem russischen 1:25-Panzermodell T 34 der japanischen Firma Tamya. Eingesetzt werden darf der Bagger wegen seiner außerordentlich dünnen Hydraulikzylinder wohl nur auf Planeten mit geringerer Gravitationskraft als der Erde …

Wir werden in den 80er und 90er Jahren bedauernd hinnehmen müssen, daß Spielzeug mehr und mehr zur herzlos und billig produzierten Massenware verkommen wird. Viele Spiel-Baumaschinen, ob mit oder ohne Vorbild, lassen aufgrund schlechter, ungeeigneter Konstruktion schon bald nach den ersten Sandkisteneinsätzen Tränen rollen – längst halten kleine Baumaschinen nicht mehr so viel aus wie die unverwüstlichen Spielzeuge aus den vergangenen Jahrzehnten.

Inzwischen sind Werbemodelle in der Branche ein etabliertes Werkzeug für Promotion- und Werbekonzepte aller Art geworden (Bild 429). Als beispielsweise Harnischfeger mit dem Bergbaukonzern Nerco über die Lieferung mehrerer riesiger P&H-Löffelbagger verhandelt, werden einfach einige der 1:87-Conrad-

Bild 429: 1:87-Modelle des Löffelbaggers P&H 2800, von Conrad in Kundenfarben geliefert, nutzte Harnischfeger als Anzeigenmotiv mit dem Satz: „Es ist nicht wichtig, daß wir Weltführer sind. Es ist wichtig, weshalb."

Bild 430: Zinkdruckguß-Baumaschinen von Siku im Maßstab 1:55 wie die Liebherr-Raupe PR 741, der Volvo-BM-Knicklenker A 25 6x6 und der Zettelmeyer-Radlader ZL 4002 sind robuste Spielzeuge und schöne Modelle.

Modelle unterschiedlich lackiert und mit den Worten „So werden die fertig montierten Bagger aussehen" während der Verkaufsgespräche auf den Tisch gestellt. Trefflich kommentiert dies ein leitender P&H-Mitarbeiter: „Bestimmt war dies nicht der ursprüngliche Zweck der Modelle, aber es kann auch auf keinen Fall schaden."

Nur noch wenige Baumaschinen zum Spielen

Obwohl es uns leicht fällt, schöne Spielzeugbaumaschinen dieses Jahrzehnts vorzuführen, fällt es Eltern und Kindern in den 80er Jahren gar nicht leicht, solche Spielzeuge in den Läden zu finden – sie gehen in der Masse anderer Spielwaren chancenlos unter. Unbeirrt hält Siku an der bewundernswerten Baumaschinen-Modelltradition fest (Bild 430). Bei Majorette in Frankreich denkt man anders und präsentiert leider nur wenige, aber gut gemachte Spielzeugbaumaschinen mit realen Vorbildern (Bild 431). Leider werden von Majorette recht bald langweilige Phantasiegrader und -scraper folgen.

Der Spielwarenhandel wird zusehends internationaler, oft ist auf der Unterseite von Spielzeug aller Art Hongkong zu lesen – darunter sind immerhin einige beachtliche Miniaturbaumaschinen von New Bright (Bild 432). Die Serie, in gewisser Weise eine Kleinausgabe einer vier Modelle umfassenden Reihe großer Fernlenkmodelle, beinhaltet auch einen kabelferngesteuerten Kettendozer Cat D9L, jedoch nicht in 1:43, sondern exakt in 1:35.

Eine Firma aus Hongkong exportiert rund um den Globus ein Spielzeug-Set mit drei Baumaschinen ohne spezifische

Bild 431: 1:56 wählte Majorette für den Poclain 90 P mit absenkbaren Stützen, aufklappbarer Motorhaube und Reserverad rechts am Oberwagen, das durch Drehen alle Ausleger- und Löffelbewegungen ermöglichte.

Bild 432: Wegen ihres Maßstabes von 1:43 lassen sich der kabelferngesteuerte Muldenkipper Cat 777B und Radlader Cat 992C von New Bright sogar annähernd mit 1:50-Modellen und -Figuren kombinieren.

Bild 433: Aus Plastik und Metall kombiniert wurden die Hongkong-Modelle eines Euclid R-35 (1:50), Liebherr 974 (1:67) und Radladers International PAYloader H-65C (1:43) – entstanden nach großen oder kleinen Vorbildern?

Bild 434: Die chinesische Kai Yip Metal Manufactory Ltd produzierte in der Serie „Steel Roder" – ohne Fabrikatangabe – exakt in 1:46 den Euclid R-190, hier mit Preiser-Figuren des Maßstabs 1:50.

Fabrikatbezeichnungen, dafür aber mit Aufklebern von allerlei fiktiven Baufirmen wie Rollsmans oder Strato (Bild 433). Kundige Augen entdecken auch ohne genaue Angaben, welche Maschinen die Vorbilder waren. Bei den Typbezeichnungen horchen wir auf: Einen Euclid R-35 wird es bei Conrad geben, einen Tieflöffelbagger Liebherr 974 bei Kibri, und Vorbild für den

Bild 435: 525 PS starker, knickgelenkter Traktor Big Bud 525/84 mit Planierschild in 1:64 von Ertl als Hilfsgerät auf der Kippe neben einem Cat-Muldenkipper 785, ein einfaches Spielzeug in 1:60 von Remco.

PAYloader H-65C könnte bis aufs Detail das große Preiser-Modell gewesen sein (siehe Bild 484). Wieder einmal sind wohl Modelle kopiert worden, doch erfreulicherweise ist das Qualitäts/Preis-Verhältnis so gut, daß die drei aus Hongkong zahllosen Modellbauern als „Rohstoff" für diverse Um- und Eigenbauten dienen werden.

Aus China gelangt bis in europäische Spielwarenläden ein großer Muldenkipper, ebenfalls eine sinnreiche Kombination aus Plastik-, Blech- und Zinkdruckgußteilen. Bei genauerer Betrachtung verbirgt sich hinter seiner Bezeichnung „Giant Load GL-190" ein Euclid-Muldenkipper R-190. Das Nachmessen ergibt genau den Maßstab 1:46, also 1:50-nahe (Bild 434). Versierte Modellbauer wandeln das Spielzeug in wahre Präzisionsmodelle.

Wie in den 70er Jahren stellt die amerikanische Firma Ertl in diesem Jahrzehnt einige kleine Baumaschinen im Maßstab 1:64 her, die sowohl preisgünstiges Spielzeug als auch schöne Modelle sind (Bilder 435, 436). John Deere läßt in der Serie einen Hydraulikbagger, Kompaktlader, Radlader, Grader, Baggerlader und eine Planierraupe fertigen.

Bild 436: Moderne Grader von Ertl: links ein John Deere 772B im Maßstab 1:64, rechts ein im Vorbild größerer Caterpillar 16G mit gleich großen Rädern und daher im Maßstab 1:67.

Bild 437: Caterpillar-Flotte von Joal im Maßstab 1:70 mit Cat 631D-Triebkopf und Athey-Kipper (oben), Scraper 631D und, in diesem Fall, Push-Raupe D10 samt Einzahn-Heckaufreißer.

Bild 438: Internationale Kooperation: Japanisches Shinsei-Modell des amerikanischen Radladers Cat 992C (1:75) belädt spanisches Joal-Modell eines 50-Tonners Cat 773B (1:70).

Die spanische Firma Joal schafft es, die Gratwanderung zwischen detailgetreuem Werbemodell und preisgünstigem Spielzeug vorbildlich zu bewältigen (Bild 437). Das Resultat sind mehrere kleine Caterpillar-Baumaschinen im Maßstab 1:70. Ähnlich „vielseitige“ Miniaturbaumaschinen stellten die Japaner schon im vergangenen Jahrzehnt auf Räder und Raupen. In passenden Maßstäben lassen sich der-

Bild 439: Der Komatsu-Muldenkipper HD1200M war Road Champs aus China eine schönes Modell im Maßstab 1:153 wert; leider paßt die Komatsu-Planierraupe D455A in ihrem Maßstab 1:106 nicht dazu.

artige „Spielzeug-Werbemodelle" bestens mit den Joal-Modellen kombinieren (Bild 438).

Platzsparende Baumaschinen

Bild 440: Intex/Zylmex-Spielzeug mit Cat-Maschinen als Vorbilder, teils auch mit Cat-Logo: Scraper 621 (1:115), Grader 120B (1:100), Muldenkipper 777 (1:145), Radlader 988B (1:120).

Weniger als Spielzeug, eher als Modellbahnzubehör gelangen mehr und mehr winzige Baumaschinen in die Spielwarenläden. Viele verdienen durchaus die Bezeichnung Modell. Eindeutig als Spielzeug bestimmt sind in diesem Jahrzehnt eigentlich nur Minimaschinen fernöstlicher Herkunft (Bild 439).

Der US-Hersteller Dyna (siehe Bild 397) bietet in den Vereinigten Staaten vier kleine Cat-Maschinen von Zylmex an und übernahm einige Plastikbausätze verschiedener Firmen, beispielsweise auch eine Straßenwalze mit drei Walzbandagen. In Europa wird die Zylmex-Flotte auch unter Intex-Namen von verschiedenen Großhändlern meist in Kaufhäuser gebracht (Bild 440). Tomica aus Japan produziert in der kleinen Serie interessante Baumaschinen, beispielsweise den Komatsu-Hydraulikbagger PC 200 und den Scraper WS 16 sowie zwei Tadano-Teleskopkrane (Bild 441).

Bild 441: Der Terex-Muldenkipper 33-07 im Maßstab 1:119 von Tomica diente auch als Werbemodell; hier im Einsatz mit einem Terex-Radlader 72-81 unbekannter Herkunft in 1:125.

Die Modellbahner und ihr unersättlicher Hunger nach außergewöhnlichem Anlagen- und Dioramenzubehör beschert uns Baumaschinenfreunden ganze Flotten hochinteressanter, meist historischer Baumaschinenmodelle in den winzigen Modellbahnmaßstäben 1:160 (Spur N) und 1:220 (Spur Z). Im etwas schrägeren Maßstab 1:148 liefert Skytrex aus England mehrere typisch englische Baumaschinen als fein gearbeitete Weißmetallbausätze (Bild 442).

Bild 442: Als graues Durcheinander von Teilen weniger attraktiv, gebaut und lackiert aber recht ansehnlich sind der Ruston Bucyrus 22-RB, der Priestman Mustang 220, der JCB 3D und der Blaw-Knox Trackmaster 30 in 1:148.

Simpel gearbeitet und ohne jeden Zweifel den österreichischen Umex-Modellen (siehe Bilder 239 bis 241), die in den Vereinigten Staaten von AHM vertrieben

Bild 443: Ehemalige Umex-Modellvorbilder wurden von Bachmann auf den Maßstab 1:160 als N-Bahnzubehör reduziert: Cat D9G, Euclid R-45, Cat 944 „Traxcavator", Scraper Cat DW 21 und Grader Cat No.12.

Im Vergleich dazu sind die Weißmetall-Fertigmodelle der deutschen Firma Marks Metallmodellclassics aus Rehau und der schweizerischen Firma MZZ für die Modellbahnspur N wahre Präzisionsmodelle (Bild 444). Besonders trifft dies auf das fast schon legendäre, weil ebenso exakte wie schwere Marks-Modell von 1989 des Menck-Seilbaggers zu. Dem Menck folgen als weitere Baumaschinen-Oldtimer ein Liebherr-Turmdrehkran der 50er Jahre und eine Dampfwalze aus der Zeit der Jahrhundertwende.

Noch viel winziger sind die 1:220-Baumaschinen von MZZ für die Bahnspur Z (Bild 445). Sie können als Zubehör für einen schier unglaublichen Plastikmodellbausatz dienen, den Revell aus dem deutschen Bünde neben einer Bohrinsel als Super-Technik-Bausatz präsen-

Bild 444: Präzisions-Weißmetallbaumaschinen im kleinen Maßstab 1:160 von Marks und MZZ: Henschel-Kipper, Hanomag-B-11-Radlader, Fuchs-301-Umschlagbagger, Kaelble KVW 35, Menck M 152, Deutz-Planierraupe PR 750.

wurden, nachempfunden sind einige Baumaschinen vom US-Modellbahnhersteller Bachmann, in China für die Spurweite N gefertigt (Bild 443).

Bild 445: Nur wenige Millimeter lang sind die MZZ-Baumaschinen der Modellbahnspur Z in 1:220 wie der Kaelble-Muldenkipper, Demag-Hydraulikbagger, Hanomag-Radlader und Blaw-Know-Bulldozer.

tiert – im Maßstab 1:200 ein „240.000er" aus dem Braunkohletagebau Hambach. Hinter dem Kürzel steckt der Schaufelradbagger Bau-Nr. 289 von O&K, im Vorbild mit 13.000 t Dienstgewicht größte Erdbewegungsmaschine der Welt (Bild 446). Täglich baggert der Riese 240.000 m³ Abraum fort, daher die Abkürzung.

Höchste Qualität im Maßstab 1:87

Als äußerst wichtige Modelljahre können wir uns 1981 und 1983 markieren: Die Spielwarenfabrik Kindler & Briel, unter der Abkürzung Kibri bekannt, bringt hervorragend detaillierte 1:87-Modelle von einem Teleskopkran und einem Hy-

Bild 446: Johann Clever setzte ihn für die Rheinbraun-Publikation „Revier und Werk" zusammen: Der Revell-Plastikbausatz des O&K-Baggers 289 ist im winzigen Maßstab 1:200 42 cm hoch, 52 cm breit und 83 cm lang!

draulikbagger auf den Markt (Bild 447). Diese beiden Pioniermodelle werden den Auftakt für eine schon bald weltbekannte und auch von vielen 1:50-Modellsammlern geschätzte Miniaturbaumaschinen-serie bilden, die – wir erinnern uns an die Preisvergaben der schönsten kleinen Serien der 50er und 60er Jahre – in den 80er Jahren sicherlich den ersten Preis erhalten sollte (Bilder 448, 449).

Bild 447: Die Mobil- und Raupenbagger Liebherr 922 zählten zu den ersten Kibri-Modellbausätzen im Maßstab 1:87, hier von Markus Fieke als Ankerbohrgerät für den U-Bahnbau umgebaut.

Bild 448: Die Serie der Kibri-Modellbausätze beinhaltet viele besondere Baumaschinen im Maßstab 1:87 wie diesen von Walter Altmannshofer gebauten und „eingesetzten" Demag-Deckenfertiger DF 120P.

Bild 449: Modell oder Wirklichkeit? Walter Altmannshofer gestaltete um die Kibri-H0-Bausätze der Hamm-Vibrationswalze HW 2301-S und des Liebherr-Mobilbaggers A 922 ein täuschend echtes Diorama.

Manche Kibri-Bausätze stellen ungewöhnliche und besondere technische Entwicklungen dar, etwa riesige Schwertransporter, Scheuerle-Plattformwagen in Modulbauweise, gewaltige Raupen- und Autokrane mit Teleskop- oder Gittermastausleger. Von derartigen Maschinen sind im freien Handel meist keine anderen Modelle verfügbar als die Kibri-Bausätze, die zwar nicht in 1:50, dafür aber in optimaler Qualität produziert werden (Bild 450).

Bild 450: 1987 wird Kibris Kranreihe mit dem H0-Modell des Gottwald AK 850-1 gekrönt, der mit späterer Wippspitze 110 cm hoch und im Guiness-Buch der Rekorde 1989 als kleinstes Modell des größten Kranes genannt ist.

Trotz der Erfolge der Kibri-Modelle ziehen nur wenige Wettbewerber nach und bringen neue H0-Baumaschinen heraus – zu aufwendig ist die Produktion fertiger Minibaumaschinen aus detailliertem Kunststoff. Die Bausatzform wie bei Kibri bietet erhebliche Kostenvorteile. Immerhin stellt Wiking einen O&K-Raupenbagger und einen Liebherr-Radlader vor (Bild 451). 1984 wird Wiking von der deutschen Firma Sieper (Siku) übernommen.

Bild 451: In einem H0-Diorama von Willi und Wolfgang Derfuss hilft der O&K RH6 seinem großen Bruder O&K RH120C – ein Derfuss-Eigenbau – bei der Überquerung einer Landstraße.

In anderen Ländern Europas, in Japan und den Vereinigten Staaten bleiben, von Oldtimern abgesehen, Baumaschinen im H0-Maßstab 1:87 Raritäten. Nicht leicht fällt es dabei, eindeutig zwischen Oldtimern und aktuellen Baumaschinen zu unterscheiden, denn auf den echten Baustellen der 80er Jahre halten sich noch manche Maschinen aus den letzten beiden Jahrzehnten wacker (Bilder 452 bis 454).

Selbst in Ländern, wo man den Modellbahnmaßstab H0 nicht vermuten würde,

Bild 452: Die amerikanische Firma Cox fertigte als H0-Modellbahnzubehör ein recht schönes Plastikmodell des Caterpillar-Graders 140, der später auch von AHM und IHC vertrieben wurde.

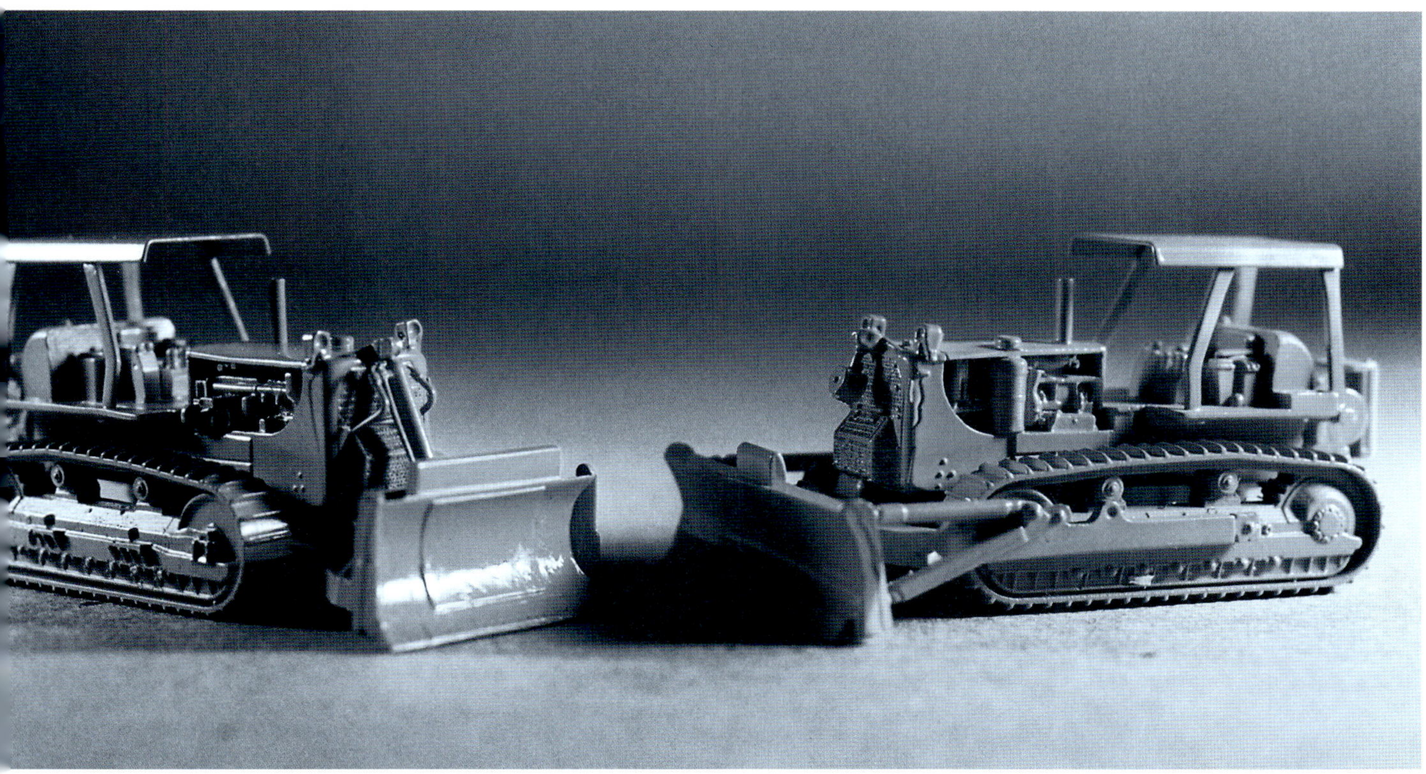

Bild 453: Für den US-Hersteller Overland Models, bekannt für limitierte Lokomotiven-Messingmodelle, baute Ajin Precision aus Korea in 1:87 verschiedene Versionen der ersten Cat D9.

Bild 454: Warum Minimac aus Brasilien die Produktion des veralteten Graders 10 D von Huber-Warco aufnahm, ist nicht bekannt – möglicherweise wurde das Vorbild dort noch hergestellt.

entstehen handliche kleine 1:87-Modelle. Einige davon sind in westlichen Ländern nur schwer aufzutreiben oder bleiben gänzlich unbekannt (Bild 455). Während interessante Plastikmodelle aus der damaligen Sowjetunion auf westliche Modellmärkte gelangen, mag sich mit buntem und somit abschreckendem Plastikspielzeug niemand beschäftigen (Bild 456).

Ungeschlagener Riese unter den 1:87-Modellen ist der 1,8 kg schwere und 29 cm lange P&H-Löffelbagger 2800 von Conrad (siehe Bilder 6, 373 und 428). 1981 steht in der Hauszeitschrift des Baggerherstellers Harnischfeger: „Häufig werden wir nach Baggermodellen gefragt. In unserer Werbeabteilung sind einige Modelle des P&H 2800 erhältlich. Das Modell hat den Maßstab 1:87, also praktisch H0. Nach Einsendung eines Schecks über $ 30 ist Ihr Modell auf dem Weg, Frachtkosten sind vorbezahlt.“ – Siebzehn Jahre später wird dieses Modell auf Sammlerbörsen eine Preissteigerung von rund 2.000 Prozent erlebt haben!

Werbemodellfluten für große Regale

Wahrhaft unmöglich ist es, in diesem und im kommenden Jahrzehnt sämtliche Modelle der Maßstäbe um 1:50 gebührend zu beachten. Im Bereich von 1:40 bis 1:55 gelangen dermaßen viele Werbemodelle auf den Markt, besonders aus Japan, daß wir durchaus von Flutwellen

Bild 455: In China wurde dieses Metallfertigmodell des Cat-Baggerladers 428B im H0-Maßstab produziert und für kurze Zeit über Gunther's Car Company für den deutschen Markt importiert.

Bild 456: Der bunte Plastikkipper ist ein Belaz 7519 für 110 t Nutzlast, mit guten Details exakt im Maßstab 1:87 gestaltet, neben einer Raupe DT-85 von Tramo und einem Bagger E0-4121 von Nestor-Marine.

sprechen dürfen. Möchte ein Sammler alle sein eigen nennen, benötigt er weltweit beste Kontakte, ein stets gut gefülltes Bankkonto und viele, viele Regalmeter!

Bild 458: Um als Full-Liner auch Kompakt- und Minimaschinen anbieten zu können, läßt der deutsche Caterpillar-Händler Zeppelin zunächst bei Macmoter, dann bei Schaeff solche Maschinen fertigen.

Baumaschinenmodelle werden in der Industrie inzwischen meisterhaft eingesetzt und gelten als unverzichtbare Werbemittel (Bilder 457, 458). Auf zahllosen Bildern, auch bei Aufnahmen von Geschäftsführern, Fachredakteuren und Bauleitern, sind auf dem Schreibtisch, in einem Bücherregal oder in irgendeinem Winkel 1:50-Modelle zu entdecken.

Bild 457: In der Umweltschutz-Broschüre „Es liegt was in der Luft" von VME (heute Volvo Baumaschinen) geht es um unsere Zukunft: Ein Junge spielt zuversichtlich mit zwei Volvo-Werbemodellen in 1:50 von Joal.

Bild 459: Das 1:50-Modell des 125B von Michigan, damals noch zum Clark-Konzern gehörend, spiegelt den hohen Qualitätsstandard der Modellproduktion der 80er Jahre bei Conrad.

Gegenüber den Werbemodellen der 70er Jahre erscheinen die neuen, modernen in immer detailreicheren Gewändern; Verglasung, sorgfältige Beschriftung, Handgriffe und Geländer sind trotz höherer Produktionskosten meist unverzichtbare Qualitätsmerkmale (Bilder 459, 460). Weil die Baumaschinenhersteller die Modelle in Auftrag geben und den größten Anteil der hohen Formkosten übernehmen, üben sie entscheidenden Einfluß auf den Detaillierungsgrad eines jeden Modells aus.

Auf vorzügliche Weise dokumentieren viele Werbemodelle Entwicklungen und

Bild 460: Wegen der Höhe gibt es wenig Kranmodelle im Maßstab 1:50: Conrad bildete den Liebherr-Schnellmontagekran 21K in dieser Größe nach, hier in einem Diorama von Wilfried Schreiber.

Bild 461: Zettelmeyer entwickelte den ZD 3001 als 60 km/h schnellen Raddozer mit Federung für die Bundeswehr; zivile Ausführungen und eine Version von Terex folgten; NZG hielt den Raddozer in 1:50 fest.

Konstruktionen, die in der Geschichte der Baumaschinentechnik eine besondere Position einnehmen. Dies kann sowohl unterschiedliche Versionen, neue Marktsegmente als auch innovative Technologien beinhalten (Bilder 461 bis 463).

Reizvoll wird es für viele Sammler aus der Sicht zukünftiger Tage sein, den Werdegang bestimmter Baumaschinenmarken anhand von Modellen zu verfolgen. Dazu ist es wichtig, nicht nur die Sortimente mehrerer Modellher-

Bild 462: Mit dem Großbagger 991 stieg Liebherr erstmals in den lukrativen Miningsektor (Tagebau) ein, obwohl der erste ohne Unterwagen auf einem Ponton zur Flußvertiefung eingesetzt wurde.

Bild 463: 1977 versetzte Caterpillar die Fachwelt mit dem hochgesetzten Deltalaufwerk des 86-t-Kettendozers D10 in Erstaunen, 1980 folgte ein 1:50-Modell von Conrad (links), später ein Gegenstück von Ertl.

Bild 464: Ein deutscher und ein spanischer Modellproduzent stellten zwei schöne Euclids im Maßstab 1:50 auf die Räder: rechts der R-35 von Conrad, links der R85B von Joal.

steller sorgfältig zu beobachten, sondern auch die Zusammenhänge und Weiterentwicklung der entsprechenden Baumaschinenunternehmen und -marken (Bilder 464, 465).

Führend bei 1:50-Werbemodellen von Baumaschinen sind die deutschen Firmen Conrad und NZG, dicht gefolgt von Joal aus Spanien und mehreren japanischen Herstellern. Der große, runde Kuchen soll aber nicht ungeteilt bleiben, und so bemühen sich auf dem Weltmarkt andere Hersteller um Anteile. Erfolgreich auf südamerikanischen Märkten ist die brasilianische Firma Arpra mit der Reihe Supermini (Bilder 466, 467).

Bild 465: Der in Schweden geborene Kockums 540 (links) wurde zu einem Volvo BM (oben) und nach der Gründung von VME als Euclid R32 in das Starrahmenkipperprogramm eingereiht.

Bild 466: Brasilianische Caterpillar-Maschinen von Arpra mit reicher Detaillierung im Maßstab 1:50: Radlader 966C, Kettendozer D8K, Scraper 621D, sämtlich mit Glitzerscheinwerfern aus geschliffenem Glas.

Bild 467: Unterschiedliche Versionen des Dynapac-Walzenzuges CA 25 PD mit und ohne Motorabdeckungen, alter und neuer Beschriftung von Arpra aus Brasilien.

Bild 468: Mobilbagger EO-4321B, Raupenbagger EO-4123, beide 1:42, Muldenkipper Belaz 540 in 1:47, Planierraupe DZ-117 in 1:43 mit eindeutiger Werbemodellschachtel von Traktoroexport.

Aus der damaligen Sowjetunion tauchen einige schöne 1:43- und 1:50-Modelle aus namenloser „sozialistischer" Fabrikation auf (Bild 468). Während zwei Baggermodelle, ein Baggerlader und ein knickgelenkter Universal-Geräteträger aus Kunststoff mit Metallteilen gefertigt sind, wird für die Planierraupe Zinkdruckguß gewählt.

Wunderbare Modelle gelangen im Gefolge japanischer Baumaschinen auf westliche Märkte. Auf ihren Verpackungen lesen wir stets einen der drei Her-

Bild 469: Komatsu-Giganten, 50fach verkleinert von Diapet: links der HD1200M, einer der größten Muldenkipper mit Wandlergetriebe, rechts die D455A mit Metallketten, zeitweise größte Planierraupe der Welt.

stellernamen Diapet (Yonezawa Toys), Shinsei (in den 90er Jahren Goods Wave) oder Tomica. Besonders Diapet und Tomica produzieren viele Baumaschinen in oder nahe 1:50 (Bild 469). Nach wie vor interessant sind die Lizenzabkommen und Kooperationen westlicher mit japanischen Unternehmen, die sich auch in Modellen wiederfinden (Bild 470).

Der Gedanke anschaulicher Baumaschinen-Werbemodelle, die sich zu verschiedenen Anläßen überreichen oder versenden lassen und auf Schreibtischen und Schränken oder in Regalen an den Herstellernamen erinnern, findet so viele Freunde, daß im Laufe der Jahre sogar einige sehr spezialisierte Maschinen als Modell nachgebildet werden. Dazu

Bild 470: Caterpillar gründete mit Mitsubishi schon 1963 das Joint Venture Shin Caterpillar Mitsubishi, so daß identische Shinsei-Modelle als MS300 und E300 produziert wurden.

Bild 471: Einen Untertage-Bohrwagen mit zwei unabhängig voneinander beweglichen Bohrlafetten gab der schwedische Hersteller Tamrock bei Conrad als 1:50-Modell in Auftrag.

gehören beispielsweise Trägergeräte für den Spezialtiefbau, Anbauausrüstungen oder Tunnelbaumaschinen (Bilder 471, 472).

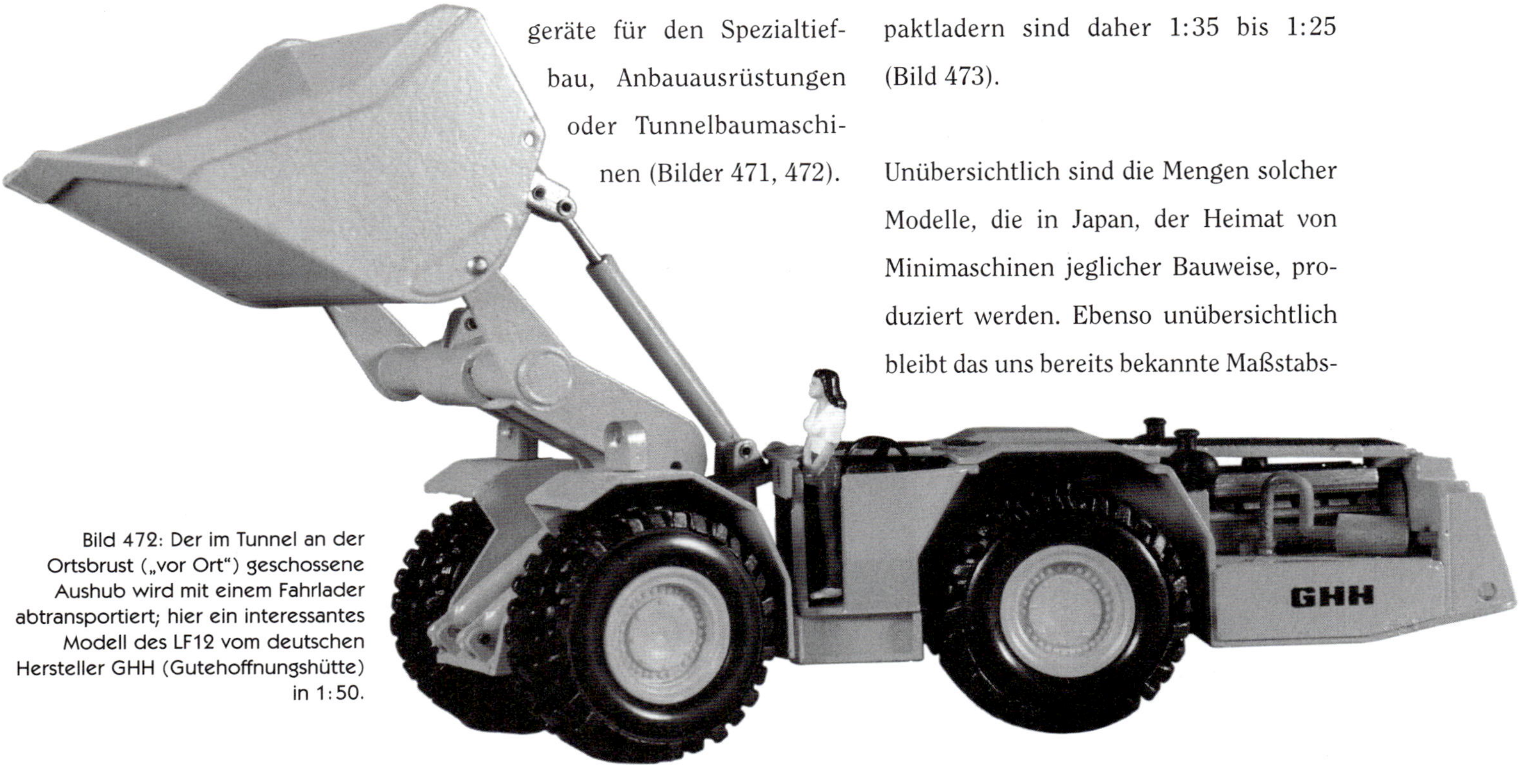

Bild 472: Der im Tunnel an der Ortsbrust („vor Ort") geschossene Aushub wird mit einem Fahrlader abtransportiert; hier ein interessantes Modell des LF12 vom deutschen Hersteller GHH (Gutehoffnungshütte) in 1:50.

Je kleiner die Maschinen, desto größer die Maßstäbe

Wie im vergangenen Kapitel schon anhand der Beispiele Case und JCB verdeutlicht, eignen sich kleine Baumaschinen weniger gut als 1:50-Miniaturen – sie würden in der Masse der „großen" 1:50-Modelle unscheinbar wirken und untergehen. Beliebte Maßstäbe bei Werbemodellen von Minibaggern und Kompaktladern sind daher 1:35 bis 1:25 (Bild 473).

Unübersichtlich sind die Mengen solcher Modelle, die in Japan, der Heimat von Minimaschinen jeglicher Bauweise, produziert werden. Ebenso unübersichtlich bleibt das uns bereits bekannte Maßstabsgewirr japanischer Modellhersteller. Manche japanischen Modelle bieten Besonderheiten, die im Westen nahezu unbekannt sind (Bilder 474, 475). Weil viele japanische Minimaschinen von europäischen, amerikanischen und auch heimischen Herstellern im „Badge Engineering" mit anderen Farben und Firmenaufklebern versehen werden, gibt es auch allerlei Modellvarianten.

Bild 473: In der ehemaligen Tschechoslowakei produzierte ZTS Baumaschinen aller Art, auch Kompaktlader wie diesen UNC 600 als einfaches Plastikmodell im Maßstab 1:28.

Bild 474: Dank besonderer Ausleger-kinematik konnten die Nissan-Mini-bagger SB25 und SB30, hier im Maßstab 1:24 von Diapet, auch mit dem Ausleger im eigenen Hüllkreis schwenken.

Werbemodelle großer Maßstäbe und manchmal auch mit größeren Baumaschinen als Vorbild entstehen in Europa und in den Vereinigten Staaten, wobei manche den uns noch aus den 50er und 60er Jahre vertrauten Spielcharakter bewahren. Andere sind ausschließlich als Werbemodelle bestimmt – jedes Spielen würden ihnen nur zu schnell den Garaus bereiten (Bild 476).

Bild 475: Außergewöhnlich schwere Werbemodelle wie den Radlader Kobelco LK 300A im Maßstab 1:30 fertigte die japanische Firma Ashyia, wobei Kobelco anscheinend der Hauptkunde war.

Bild 476: Wilson Models aus England fertigt exklusive Industrieminiaturen für Promotionzwecke wie diesen Compair-Holman-700-250-Kompressor und die Atlas-Copco-Bohrlafette ROC 404.

Bild 477: Aus finnischer Produktion stammen die Emek-Muovi-Kunststoffmodelle des Lännen-Mobilbaggers M 213 mit Stützschild und Pratzen (1:25) und des Volvo-BM-Knicklenkers 5350 (1:30).

Bild 478: Die spanische Firma Nacoral fertigte wohl nur ein Baumaschinenmodell – für Case im Maßstab 1:35 den neuen Radlader 740 aus Zinkdruckguß.

Neben einigen skandinavischen Lkw-Modellen produziert der finnische Hersteller Emek-Muovi leider nur zwei vorbildlich detaillierte und sauber gegossene Kunststoffmodelle von Baumaschinen (Bild 477). Bei diesen Nachbildungen sind Spielwert und Modellcharakter ideal vereint. Es ist zu bedauern, daß nicht mehr Baumaschinen- und Modellhersteller einen solchen „Werbeweg" beschreiten.

Wir haben erfahren, warum Case Werbemodelle in größeren Maßstäben bevorzugt, und dies bleibt auch bei größeren Baumaschinenvorbildern so (Bild 478). Case läßt die Modelle bei heimischen amerikanischen Herstellern und bei diversen europäischen wie Conrad und NZG produzieren, darunter durchaus interessante und seltene Konstruktionen (Bild 479). Manche der amerikanischen Case-Modelle lassen die dortigen Modelltraditionen der 40er und 50er Jahre wieder aufleben – es sind Riesenspielzeuge (Bild 480).

Ähnliches gilt für ein großes Stahlblechspielzeug. Leider ist dies kein Werbemodell und wird aufgrund von Lizenzproblemen nur für kurze Zeit im Spielwarenhandel auftauchen. Gemeint ist der 150-t-Muldenkipper Caterpillar 785 des amerikanischen Spielzeugherstellers Remco (Bild 481). Bald darauf erscheint

Bild 479: 1980 präsentierte Conrad den Case-Bagger Drott 50, der im Maßstab 1:35 gut das französische, von Drott in Lizenz gebaute Yumbo-Patent des neigbaren Oberwagens veranschaulichte.

Bild 480: Riesige Spielzeuge sind im Maßstab 1:16 die Case-Werbemodelle der Planierraupe 1550 (mit Heck-Seilwinde) und des Radladers W30 von Ertl.

Bild 481: Wo gibt es schon 150-t-Muldenkipper im Maßstab 1:27? Remco entschloß sich, vom Cat 785 ein großes Spielmodell zu produzieren, leider jedoch ohne die Lizenzgenehmigung von Caterpillar.

Bild 482: New Bright erschuf Cat-Modelle mit hohem Spielwert, denn der Lader 992C paßte im Maßstab 1:25 zum Kipper 777B. Im größeren Maßstab 1:19 waren der Kettendozer D9L und der Bagger 245, der eigentlich ein 235 ist.

Bild 483: Kunststoff-Spielzeug von Bruder: Der Liebherr A 912 ist im Maßstab 1:18, und der O&K MH5 dürfte dank seines Maßstabes von 1:15 das größte erhältliche Modell eines Hydraulikbaggers sein.

Bild 484: Leider noch ohne IHC- und PAYloader-Abziehbilder wartet der H-65C von Preiser im Maßstab 1:25 auf eine schöne Lackierung, um den Plastikeindruck zu übertünchen.

der Kipper ohne Cat-Schriftzug und -Logo, noch etwas später auch in geänderter Form.

Glücklicherweise trifft dies nicht auf vier andere schöne Caterpillar-Spielzeugmodelle zu, die von New Bright aus Hongkong nach Europa und Nordamerika verschickt werden. Es sind dies die größeren, zunächst kabel- und später funkferngelenkten Brüder einer etwas kleineren Caterpillar-Serie, nur der Hydraulikbagger ist neu (siehe Bild 432). Die vier großen Cat-Modelle finden bei Klein und Groß viele Anhänger, da mit ihnen wunderbar Kastanien, Lego-Steine oder Murmeln verschoben, gebaggert und verladen werden können (Bild 482).

Die D9L mit 22 cm breitem Planierschild hilft bedarfsweise sogar beim kurzfristigen „Aufräumen“ von Kinderzimmern… Schön für solche sinnvollen Aufgaben sind die großen Spielzeugbaumaschinen der deutschen Firma Bruder, die auch ohne Fernsteuerung vorzüglichen Spielwert haben und zudem als echte Modelle gelten dürfen (Bild 483).

Kaum jemand unter den Modellsammlern beachtet 1985 ein wunderbares Radlader-Fertigmodell, das die deutsche Firma Preiser (bekannt für Modellbahnfiguren) auf den Markt bringt. Bei den meisten amerikanischen Sammlern des Maßstabs 1:25 bleibt das Preiser-Modell, ein knickgelenkter International PAYloader H-65 C, weitgehend unbekannt (Bild 484). Preiser präsentiert das Modell im Maßstab 1:22,5 als Zubehör für die

Bild 485: Wunderbar und rar sind die glänzenden Hartzinn-Miniaturen von Precision Pewter Craft aus der „Hard-Hat"-Serie, hier der Grader Galion A-550 im Maßstab 1:64.

LGB-Gartenbahnen, doch tatsächlich ist es im Maßstab 1:25 und hat einen eigentümlichen Werdegang: In den 60er und 70er Jahren stellte die deutsche Firma Hausser neben Ritter- und Wild-West-Figuren einige Fahrzeuge im Maßstab 1:25 her. Nach dem Konkurs von Hausser übernahm Preiser das Erbe. Die Figuren wurden für einen besseren Qualitätsstandard ebenso überarbeitet wie der ursprünglich aus weichem Plastik gefertigte und als reines Spielzeug gedachte PAYloader.

Glänzende Sammlermodelle

In diesem Jahrzehnt nehmen gleich zwei amerikanische Modellhersteller die Produktion limitierter Gußmodelle aus Weißmetall (Hartzinn) auf. Einen hervorragenden Ruf wird die „Hard-Hat"-Serie (Hard Hat = Helm) von Precision Pewter Craft später einmal erhalten, die mindestens zehn Modelle in außerordentlich guter Qualität beinhaltet (Bilder 485 bis 487). Die Details der kostbaren Miniaturen sind bestechend, leider gibt es aber keinerlei Bewegungsfunktionen.

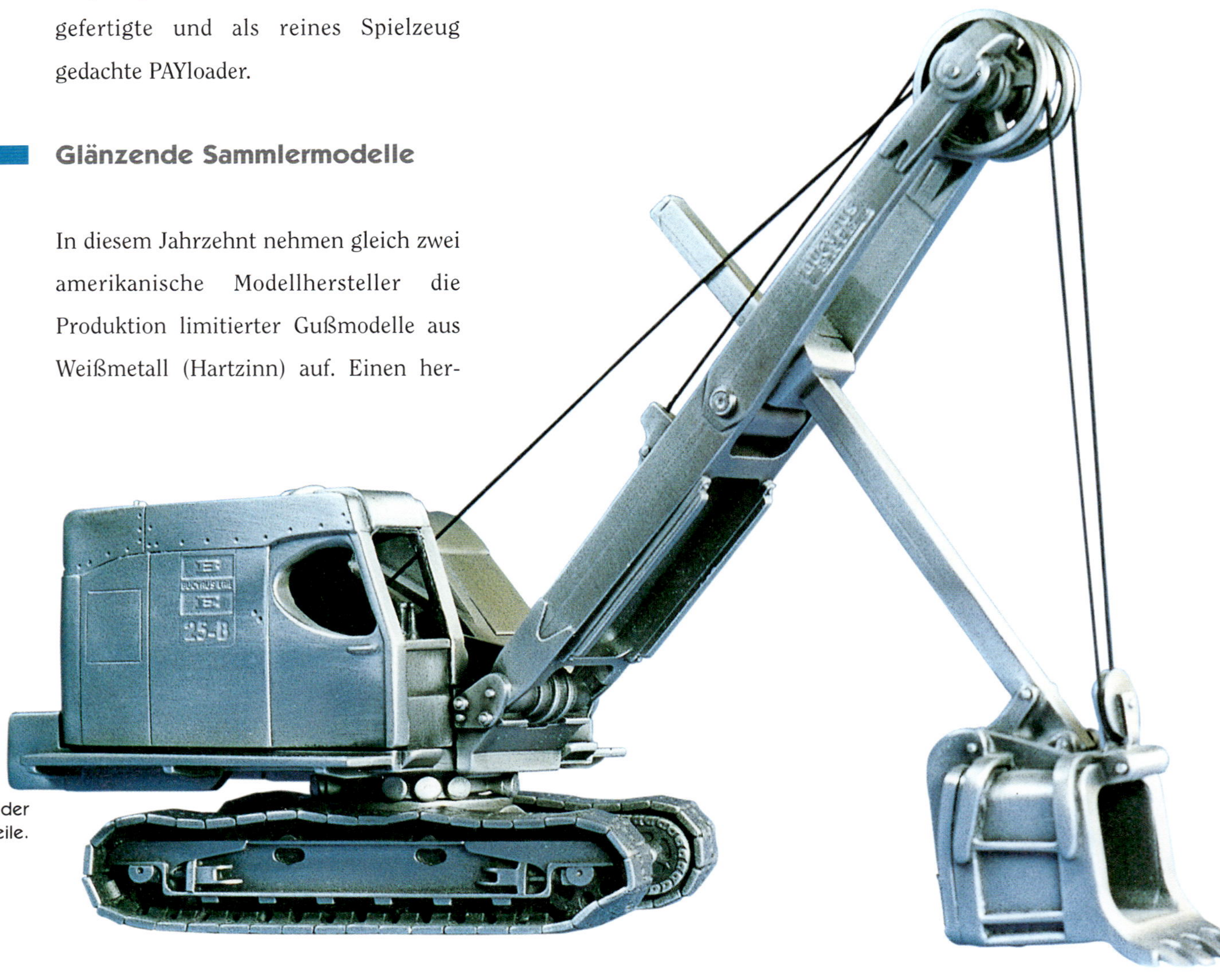

Bild 486: Bis ins kleinste Detail sauber gegossener und gearbeiteter Bucyrus-Erie 25-B von Precision Pewter Craft in 1:60, leider ohne jegliche bewegliche Teile.

Bild 487: Den Detailreichtum der Weißmetallmodelle von Precision Pewter Craft unterstreicht der RT-Teleskopmastkran „Multikrane“ 40 SCP des amerikanischen Herstellers Pettibone.

Das glatte Gegenteil sind die Hartzinnmodelle des US-Herstellers Spec Cast, denn die Detaillierung ist mangelhaft, und die Proportionen der Vorbildmaschinen werden nur unzulänglich getroffen (Bild 488). Viele Sammler aus der Baumaschinenbranche äußern sich enttäuscht beim Auspacken dieser lieblos gefertigten Modelle.

In alter amerikanischer Tradition erscheinen in regelmäßigen Abständen Weißmetallmodelle, oft in kleinsten Maßstäben und Auflagen. Die Werbewirksamkeit der vergleichsweise ohne großen Aufwand zu produzierenden, aber in Relation dazu sehr hübsch und kostbar erscheinenden Miniaturmaschinen scheint beachtlich zu sein (Bilder 489, 490).

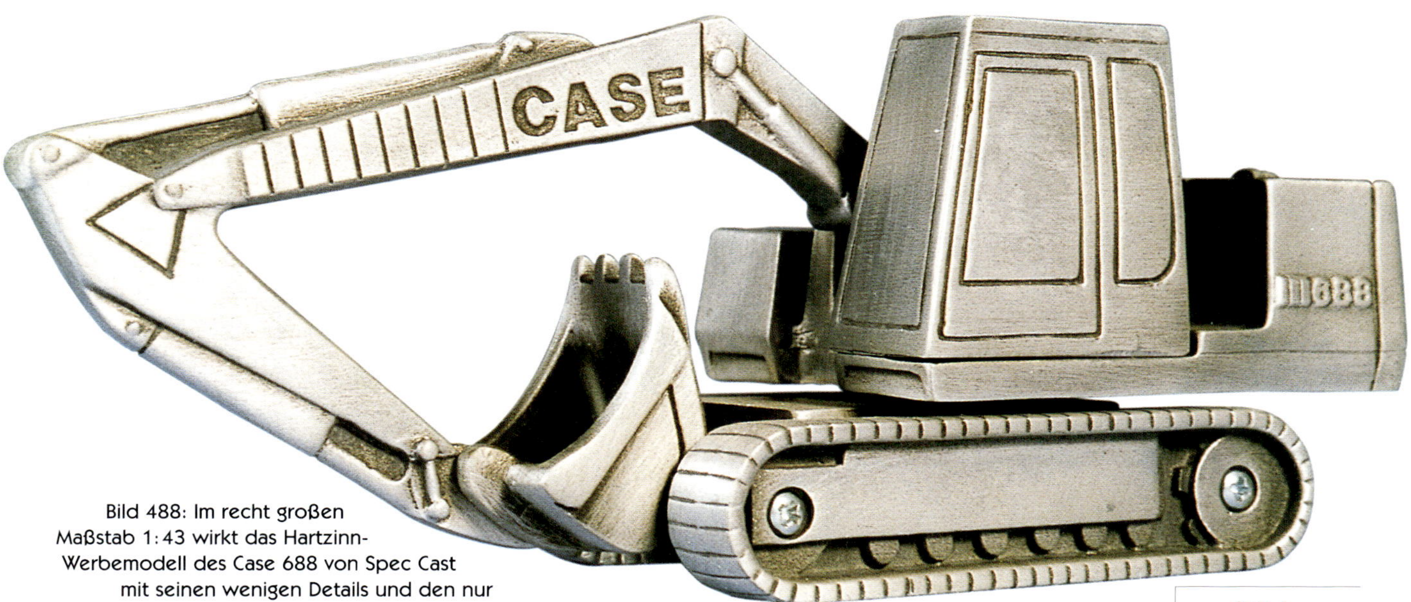

Bild 488: Im recht großen Maßstab 1:43 wirkt das Hartzinn-Werbemodell des Case 688 von Spec Cast mit seinen wenigen Details und den nur angedeuteten Hydraulikzylindern langweilig.

Bild 489: Erstes Modell eines Muldenkippers mit 218 t (240 short tons) Nutzlast war das kleine Weißmetallmodell des Dresser Haulpak 830E im Maßstab 1:105, hier mit passendem Preiser-Manager.

Bild 490: Bucyrus-Erie präsentierte Interessenten den 395-B, den größten Elektro-Hochlöffelbagger des Produktprogrammes, als minutiös gestaltetes Weißmetallmodell.

Bild 491: Sicherlich ist es eine echte Herausforderung, ausgerechnet einen Baggerlader aus nur einem Stück zu formen – italienischer Erfindungsreichtum führte zu einem ansehnlichen (Venieri)-Resultat.

Europäische Hersteller entdecken andere Möglichkeiten, um mit Modellen Aufmerksamkeit zu erregen – die Wahl geeigneter Materialien ist fast grenzenlos. Neben Blech, Pappe (Bastelbögen), Holz, Kunststoff, Gußeisen, Bronze, Zink und Weißmetall müssen es sich sogar Keramik und Glas gefallen lassen, zu hübschen kleinen Baumaschinen umgeformt zu werden (Bilder 491, 492).

Bild 492: Aus schillerndem Kristallglas zauberte die schwedische Firma Tingsgarden einige Nachbildungen von Volvo-BM-Baumaschinen, die als Briefbeschwerer dienen sollen.

Industrie- und Ausstellungsmodelle

Die deutsche Firma Kaelble-Gmeinder zeigt uns auf schöne Weise, wie großmaßstäbliche Werksmodelle, die Auszubildende in Handarbeit fertigten, sinnbringend zu verwenden sind: Geschäftsfreunde und Kunden erhalten zum Weihnachtsfest eine Grußkarte, die zwei solcher Modelle zieren (Bild 493).

Bild 493: Festlich eingesetzte, in Handarbeit gebaute Werksmodelle von Kaelble-Gmeinder als Bildmotiv für eine weihnachtliche Grußkarte – da freute sich nicht nur der Weihnachtsmann!

Erstaunlich häufig werden große Handmodelle in den Ländern des Ostblocks genutzt – gerade dort wird ihr pädagogischer Anschauungswert hoch geschätzt, zudem unterliegt man bei der Fertigung

Bild 494: In der ehemaligen DDR wurden die Fortschritt-Bagger wie der T 188 gebaut; das Holzmodell im Maßstab 1:32 veranschaulicht die interessante Konstruktion.

der Modelle nicht der allseits umsichgreifenden Hektik der kapitalistischen Länder (Bilder 494, 495).

Zahlreiche andere Modelle aus DDR- und UdSSR-Produktion können wir auf unserer Zeitreise aus Platzgründen nicht festhalten ... So steht ein riesiges Baggermodell, vielleicht im Maßstab 1:12 oder 1:16, auf einem Werksfoto neben dem anscheinend einzigen Exemplar des russischen Riesen-Hydraulikbaggers EG-20 von Uralmasch, der mit 570 t Gewicht zeitweise den Größenrekord hält.

Noch sind Seilbagger mittlerer Größe in vielen Gewinnungsbetrieben fleißig, so daß der englische Bucyrus-Erie-Partner Ruston-Bucyrus zur Fahrerschulung ein großes Funktionsmodell im Maßstab

Bild 495: Im Rahmen der Kinderbetreuung des Belorussischen Automobilwerkes dürfen die Kleinen Belaz-Modelle erforschen; in der Mitte ein 80-t-Sattelzug, ganz rechts ein 120-Tonner, hinter den Trachtenmädchen viele andere Modelle.

Bild 496: Vom echten Baggerführerstand aus bediente Jeffrey Wells, Ingenieur bei Ruston Bucyrus, das viel Aufmerksamkeit erregende 1:20-Funktionsmodell des 152-t-Seilbaggers 110-RB.

Der deutsche Baggerhersteller Demag propagiert ab 1982 ein neuartiges Abbaukonzept, durch das Abraum entweder direkt verkippt oder – ohne Muldenkipper – über Bandanlagen abgefördert wird. Dazu wird gemeinsam mit dem Brecherhersteller Aubema der raupenmobile Hopper-Spreader HS 5000-56 entwickelt, der von zwei großen Hydraulikbaggern Demag H 241 beschickt werden soll. Ein Modell, leider nur mit einem H 241, demonstriert das Verfahren (Bild 497). Der Hopper-Spreader bleibt ein Modell, wird also nie handfeste Realität.

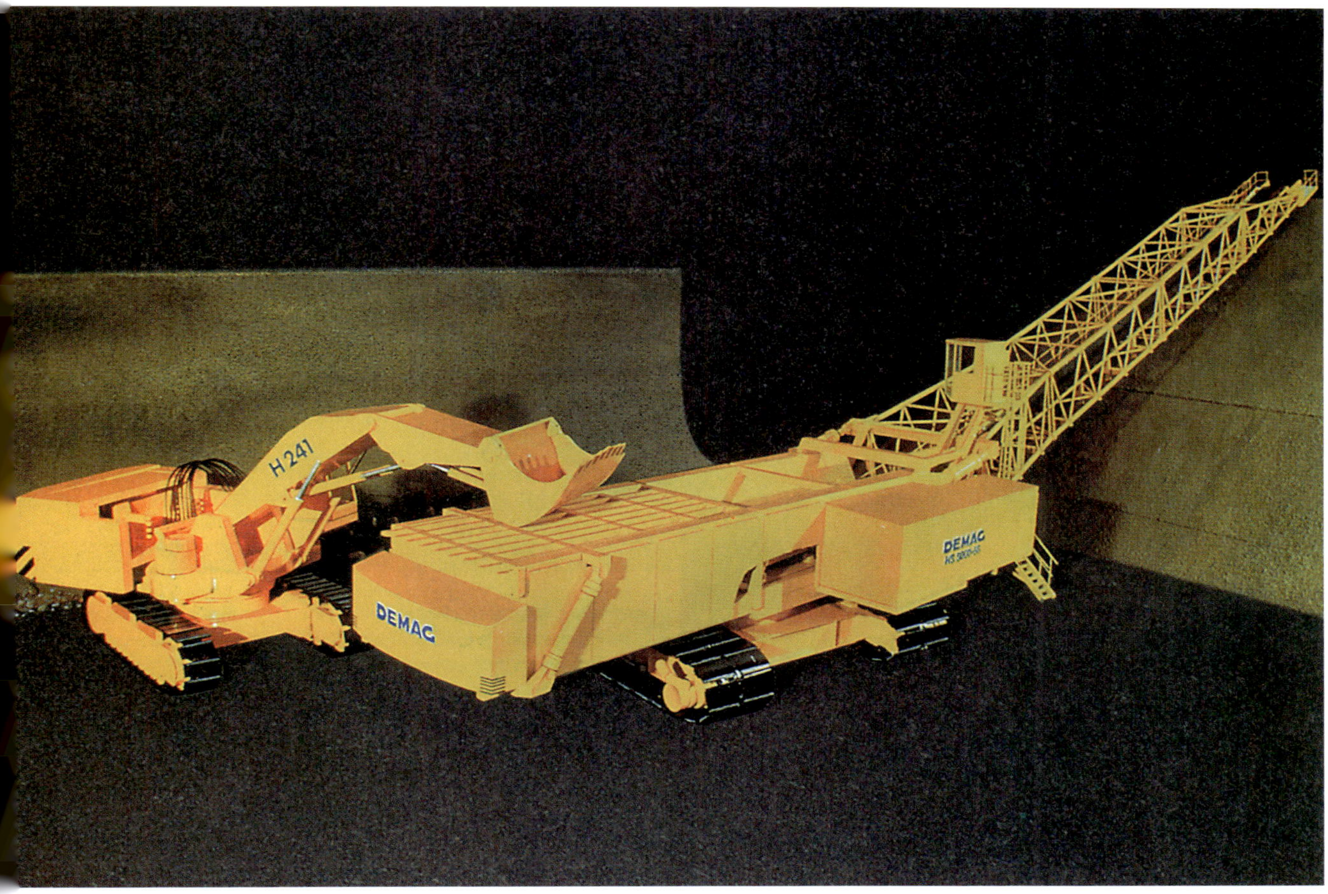

Bild 497: 5.000 t stündlich sollte der Hopper-Spreader HS 5000-56 von Demag und Aubema mit 54 m langem Bandausleger auf Bandstraßen fördern oder direkt verkippen.

1:20 bauen läßt (Bild 496). Nach Werksangaben hat das Modell 1980 einen Wert von 40.000 britischen Pfund! Es erntet auch auf Messen oder an Tagen der offenen Tür bei Steinbruch-, Kohleabbau- oder Stromerzeugungsunternehmen viel Bewunderung.

Wesentlich realistischer als der Science-Fiction-Bagger (siehe Bild 428) ist ein Handmodell des Demag H 485 – nun mit rund 500 t Gewicht und 23 m³ Klappschaufelinhalt der größte Hydraulikbagger der Welt. Der Hersteller wählt 1986 für das neue Demag-Gesamtprogramm ein Modell, weil das große Vorbild zum Zeitpunkt der Drucklegung noch gar nicht existiert.

Ein großes Anschauungsmodell aus Holz mit farbig markierten Komponenten wird von Harnischfeger-Mitarbeitern vom Raupen-Schürfkübelbagger P&H 2355 gebaut. Neben den Bildern des in farbige Komponenten zerlegbaren Modells des Schreitbaggers W 700 lesen wir bei Rapier: „Sie brauchen nicht länger große Schürfkübelbagger auf Raupen zu kaufen, weil es zu zeit- und kostenaufwendig ist, einen Schreitbagger von Einsatz zu Einsatz zu bringen. Der Rapier W 700 ist schnell zu demontieren, leicht zu transportieren und schnell zu montieren." (Bild 498)

Bild 498: Die britische Firma Mechanitrec fertigte für Rapier ein in ca. 25 Transportmodule zerlegbares Modell des Schreitbaggers W 700; das Vorbild hat bis zu 57,8 m lange Ausleger.

Bucyrus-Erie, uns aus vorangegangenen Kapiteln schon für sehr detaillierte Industriemodelle bekannt, zeigt auf verschiedenen Bergbaumessen im Modell den modularen Schreitbagger 680-W, den Hochlöffel-Seilbagger 395-B, die Sprenglochbohrmaschine 55-RII und ein detailliertes Modell – ohne Verkleidung mit gesamtem Interieur – des 151 m langen und 41.600 PS starken Schreitbaggers 3270-W.

Große Schreitbaggermodelle entstehen in England: David Wootton baut im Maßstab 1:87 einmal für sich und einmal für British Coal ein Modell des größten europäischen Schreitbaggers (Bild 499).

Bild 499: Geschickt kombinierte David Wootton Plastik, Holz und Messing zu einem von vier E-Motoren angetriebenen 1:87-Modell des „Ace of Spades", des 4.006 t schweren Schreitbaggers P&H 757.

Bild 500: Mit einer als Doppelhelix ausgeführten dreiteiligen Frästrommel von bis zu 2 m Durchmesser sollte der C-Miner von Paurat auf 7,6 m Breite pro Durchgang 2,5 m Materialhöhe abtragen.

Gut, daß es Modelle gibt, anderenfalls würden wir nicht den größten Turmdrehkran aller Zeiten kennenlernen – er existierte nie real (Bild 501). Er wird für den Bau von Mega-Kernkraftwerken konzipiert – nach dem atomaren Desaster im russischen Tschernobyl braucht aber niemand mehr solche Krane. Der dänische KRØLL K 25 000, so hätte er heißen

Der „Ace of Spades" kann am 94 m langen Ausleger beachtliche 121 t Abraum im Kübel tragen. Das Modell dient British Coal zur Promotion bei Ausstellungen und Präsentationen.

Ein neuartiges Förderkonzept ersinnt die zu PWH-Weserhütte gehörende deutsche Firma Paurat mit dem C-Miner (Bild 500). Der kontinuierlich arbeitende, langsam auf Raupen vorwärtsfahrende und dabei mittels Schneid- und Förderschnecken Material abtragende C-Miner sollte in drei Größen mit Abbauleistungen von 550 bis 2.100 t/h und Gewichten zwischen 128 und 160 t gebaut werden – auch hier blieb es beim Modell.

Bild 501: Zwei Kranführerkabinen – am 100 m langen Hauptausleger und oben am Hilfskran – hätte der mit 400 t Tragfähigkeit bei weitem größte Turmdrehkran der Welt gehabt, der KRØLL K 25 000.

sollen, übertrifft den sowieso schon riesigen K 10 000 um einiges: Schienenspurweite 22 m, Turmmast 10 x 10 m, Tragfähigkeit 400 t bis 57 m Ausladung und 200 t über die gesamte Ausladung von 100 m, Hakenhöhe 89 m. Die Mastspitze wird von einem unabhängig um 360° schwenkbaren 20-t-Hilfskran gekrönt.

Baumaschinenmodellbau wird zum Hobby

Sich mit Baumaschinen zu befassen, ist eigentlich schon eine außergewöhnliche Freizeitbeschäftigung. Im Rahmen dieses Hobbys beginnen viele, Miniaturbaumaschinen zu sammeln, aber nur wenige, ihre Lieblingsmaschinen im Modell im Alleingang nachzubauen. Dem Modellbau sind erfreulicherweise keine Grenzen gesetzt: Unser kleiner Modellreigen der 80er Jahre wird zeigen, daß alle Vorbilder, alle Maßstäbe, alle Materialien erlaubt sind (Bild 502).

Bild 502: Ein Kress-Bodenentleerer CH-160 als solides Holzmodell mit Klappleiter und zu öffnenden Bodenklappen eignet sich für den rauhen Sandkisten-Spieleinsatz und als „Kinderwagen"...

Zahlreiche Modellbauer wählen den kompakten, handlichen und sehr platzsparenden Maßstab 1:87 für Eigenbauten. Allerdings verlangen die winzigen Details ruhige Hände, gute Augen und viel Geduld (Bild 503). Eine möglicherweise größere Gruppe von Modellbauern bevorzugt den Maßstab 1:50, da hier mehr Basismodelle für Um- und Eigenbauten verfügbar sind, die neben die vielen anderen 1:50-Modelle zu reihen sind. Außerdem fällt in diesem Maßstab die Detaillierung leichter (Bilder 504 bis 506).

Bild 503: Der preiswürdige, funktionstüchtige Eigenbau des Menzi Muck 6000 von Walter Altmannshofer in 1:87 zeigt auch, wie sich dieser Bagger selbsttätig auf- und abladen kann.

Wer oft Baustellen besucht, weiß, daß dort fast alles möglich und fast nichts unmöglich ist – dies betrifft in erster Linie die unzähligen Individuallösungen, um bestimmten Praxisanforderungen möglichst optimal gerecht zu werden. Reizvoll ist es, von solchen Sonderkonstruktionen anschauliche Modelle nach-

Bild 505: Die deutsche Firma Weserhütte baute sehr große Seilbagger wie den 273 t schweren SW 760, den Josef Pertler in vorbildlicher Detaillierung im Maßstab 1:50 nachbaute.

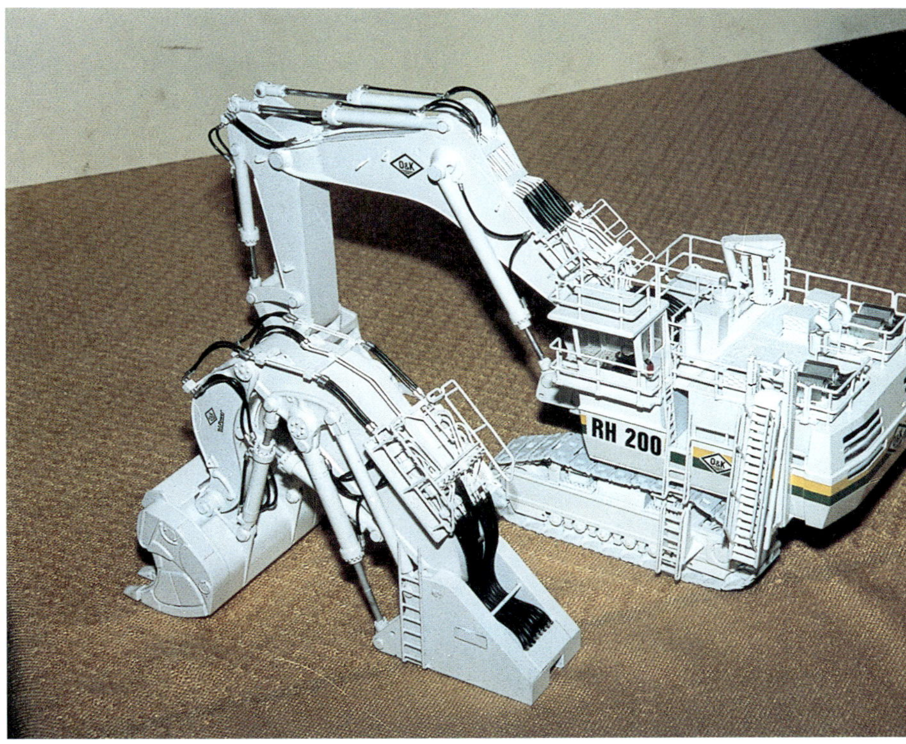

Bild 506: Der O&K RH 200, den Peter Kaim aus Messing in 1:50 detailgetreu baute, ist wesentlich leichter als das Vorbild von Tieflöffel- auf Klappschaufelausrüstung umzurüsten.

Bild 504: Ron Coens baute im Maßstab 1:50 ein fabelhaftes Modell eines Gottwald-Tagebaukranes mit Scrapertriebkopf Cat 631D – ein Kranokonzept, das ursprünglich von LeTourneau erfunden wurde.

Bild 507: Das französische Bauunternehmen BEC verwandelte einen Schaufelradbagger zu einer mobilen Mörtelmischanlage für die Bodenstabilisierung; Patrick Chareyon nutzte den O&K SH 400 (siehe Bild 372) für seinen Umbau in 1:50.

zubauen, wobei handelsübliche Spielzeug- oder Werbemodelle – wie die Serienmaschinen bei den Vorbildern – als Umbaubasis dienen (Bild 507).

Ein Kapitel für sich könnten all die interessanten und bewundernswerten Funktionsmodelle füllen, die in diesem und dem kommenden Jahrzehnt aus zigtausend kleinen, meist selbstgefertigten Teilen zusammengebaut werden. Besonders beliebt sind für solche Projekte natürlich Seilbagger, die nicht nur längst vergangenes Baustellenflair einfangen, sondern sich auch leichter ins Modell umsetzen lassen als Hydraulikbagger (Bilder 508, 509).

Einige Modellbauer wünschen, daß ihre Nachbildungen die Stärke und Größe der

Bild 508: Einen berühmten Menck Mb, der mit seinem Tieflöffel Feldbahnloren belädt, baute Peter Meyer („Baggermeyer") voll funktionstüchtig mit Kabelfernsteuerung im Maßstab 1:43.

Bild 509: Gewaltig wirkt der 32 kg schwere Nobas UB 1213, den Helmut Reschke in 1:10 mit 12-V-Scheibenwischermotoren ausstattete. Das Modell ist wahlweise mit 1,1 m langem Gittermast oder mit Tieflöffel einsetzbar.

Bild 510: Der Gottwald AMK 500/93 hob 570 t; der ausgefahrene Teleskopausleger von Stephen Taylors Modell im Maßstab 1:10 erreicht 6 m Höhe; eine Superlift-Ausrüstung ist auch vorhanden.

Vorbilder auf bestmögliche Weise wiedergeben, und das ist nur mit entsprechend großen Maßstäben zu erzielen. Wenn dann die Vorbildmaschine sowieso schon stattliche Ausmaße hat, wird das Modell so groß, daß es in normalen Wohnräumen keinen Platz mehr findet (Bild 510). 45 kg schwer und 1,5 m lang ist das Modell eines 938-t-Löffelbaggers P&H 2800, das der Amerikaner Boris Pascoe mit etwa 3.500 Schrauben und Muttern sowie zehn Elektromotoren funktionstüchtig aus Meccano-Teilen baut.

Auf seltsame Weise werden manchmal Vorbildtreue und Funktionstüchtigkeit kombiniert. So mutet es eigenartig an, ein Baggermodell aus kostbarem Teakholz zu bauen und zudem mit einer arbeitenden Minihydraulik zu versehen (Bild 511). Dies bestätigt uns erneut, daß Baumaschinenmodelle Industrie- und Sammlerobjekte und ebenso ein schier unermeßliches (Spiel-)Feld für Phantasie, Modellbau und Hobby sein können. Ob das auch in den auf uns wartenden 90er Jahren so bleiben wird ...?

Bild 511: Ein englischer Schreinermeister baute einen JCB-Hydraulikbagger sorgsam aus Teakholz nach – samt funktionierender Hydraulik für alle vorbildgetreuen Baggerbewegungen.

VIII.

90er Jahre

Baumaschinen erobern Sammlerherzen

Spannen wir einen großen Bogen über ein halbes Jahrhundert und betrachten die damaligen Spielzeugbaumaschinen, so wird erschreckend deutlich, wie eng die Welt inzwischen geworden ist. Das früher alltägliche „Draußenspielen" hat sich zur Ausnahmebeschäftigung gewandelt, denn die Kinder der neuen Zeit werden vor ihren größten Feinden, den viel zu schnellen Autos, weggesperrt.

In einer von Autostraßen in Parzellen eingeteilten Welt ist es daheim eben sicherer als am Rande der Straßen. Als Ersatz für lebendiges Spiel unter freiem Himmel werden Kindern nun Fernsehen, Heimcomputer und ausreichend kleine „Micro Machines" geboten (Bild 512). Baumaschinen werden – zumindest als Spielzeug – in die Außenseiterposition abgedrängt.

Klein, kleiner, am kleinsten

Erinnern wir uns dennoch an Dreck und Matsch, an Spielen im Sand, an kleine und große Baumaschinen. Ein forschender Blick in Kinderaugen beweist, daß all dies wesentlich mehr Faszination ausübt als die langweiligen Pseudowelten der Fernseh- und Computerbildschirme. Trotz fortschreitenden Alters lassen sich auch einige „Große" nicht fangen und bleiben ein Leben lang von den sich unentwegt wandelnden Bauwelten und ihren Maschinen fasziniert!

Bild 512: Vollgestopfte Kinderzimmer haben nur begrenztes Fassungsvermögen: Winziges Spielzeug – hier im Maßstab 1:280 ein Haulpak 830E von Micro Machines als kleinste erhältliche Miniaturbaumaschine – wird diesem Trend gerecht.

Bei all dem mag es zwar erstaunen, aber es gibt immer noch richtige Spielzeugbaumaschinen. Vorbildliches leisten hier besonders die spanische Firma Joal und die amerikanische Firma Ertl, denn beide produzieren Zinkdruckguß-Werbemodelle, die sich aufgrund ihrer günstigen Preise auch vorzüglich als Spielzeug eignen (Bilder 514, 515).

Seit nunmehr genau 40 Jahren – dies ist unter Baumaschinenfreunden eigentlich preiswürdig – verlassen schöne Miniaturbaumaschinen die Werkstätten des deutschen Spielzeugherstellers Siku! Wenn wir uns an die ersten Plastikmodelle von Siku erinnern (siehe Bilder 173, 174, 201 und 249 bis 255), einen Zeitraum von vier Jahrzehnten durch-

Bild 514: Ebenso schön in Sammlervitrinen wie im Sandkisten-Spieleinsatz machten sich die 1:50-Caterpillar-Modelle von Ertl, hier der Kettendozer D10N hinter dem Scraper 631E.

Bild 515: Der kleine Maßstab 1:64 vereinte bei der Caterpillar-Serie von Ertl (Knicklenker D25D, Radlader 950E, Kettendozer D6H und Scraper 613C) Werbemodell und Spielzeug auf ideale Weise.

Bild 516: Siku schreckt auch vor aufwendigen, großen Spielzeugmodellen nicht zurück: Gittermast-Autokran Liebherr LTM 1800 mit Superlift-Einrichtung, hier verfeinert von Hans-Peter Weigel/Unicata Modellbau.

laufen und die modernen Zinkdruckgußmodelle von Siku im Geiste neben die ersten stellen, wird die außerordentlich lange Tradition deutlich, die kein anderer Spielzeug- oder Modellhersteller in dieser Form aufweisen kann. Insgesamt bescherte uns Siku in diesem Zeitraum mehr als fünfzig realistische Baumaschinen-Spielzeugmodelle (Bilder 516, 517).

Wer sich offenen Herzens auch den winzigen Spielzeugbaumaschinen dieser Jahre zuwenden mag, wird sogar bei den kleinsten der kleinen Maßstäbe fündig. So begegnen uns die schon aus den 70er Jahren bekannten Caterpillar-Modelle von Mattel (siehe Bild 334) erneut, diesmal unter dem Matchbox-Markenzeichen, das inzwischen zu Mattel wanderte. Die neue Serie „Dirt Machines“ mit großen Cat-Logos umfaßt die alten Mattelformen des Kettendozers D10,

Muldenkippers 777, Radladers 988B sowie, neu hinzugekommen, eine Walze, einen Straßenfertiger und den Klappschaufelbagger 5080 (Bild 518).

Bild 517: Spielzeug für Sammlervitrinen: links ein O&K-Muldenkipper K 40 aus schottischer Terex-Produktion (Siku, 1:55), rechts ein passender italienischer Perlini DP 366 (Majorette, 1:53).

Noch kleinere Baumaschinenwinzlinge, ein krasses Gegenteil der 1:16-Riesenspielzeuge, fertigt Ertl. Sechs Miniaturen beinhaltet diese kleine Cat-Serie, so auch einen Hydraulikbagger E300 in 1:170, einen Scraper 613C in 1:160 sowie einen Kettendozer D6H in 1:150 (Bild 519). Einige aus der Serie sind später als niedliche Schlüsselanhänger erhältlich.

Bild 518: Bei Mattel-Matchbox wurde der Cat 777 der 70er Jahre zum 777D und lernte, auf Fingerdruck die Mulde zu kippen. Der neue Großbagger 5080 paßt mit seinem Maßstab 1:135 gut dazu.

Bild 519: Annähernd zur Modellbahnspur N paßten die winzigen Cat-Maschinen von Ertl, hier der Radlader 950E im Maßstab 1:160 und der Knicklenker als kleinster der Serie im Maßstab 1:180.

Bild 521: Außer einem American-Hydraulikbagger, einer Cat D4D und einem Cat-Grader No.12 fertigt Burt Industries im Maßstab 1:160 einen Schleppschaufelbagger und eine Walze.

Bild 520: Komatsu-Minimodelle von Tomica aus Japan: Schön detaillierte Planierraupe D375A im Maßstab 1:135 mit Heckaufreißer und daneben der Minibagger PC45 im wesentlich größeren Maßstab 1:76.

Nur noch wenige realistische Kleinstbaumaschinen entstehen in Japan, beispielsweise in der schönen Tomica-Reihe (Bild 520). Die vielen Modelleisenbahner, die nach mehreren Umzügen, auch in kleinere Wohnungen, die Vorzüge des Maßstabes 1:160, also der Spur N, erkennnen, sorgen mit ihrem hohen Bedarf an Bahnzubehör für allerlei ebenso schöne wie kleine Baumaschinenmodelle (Bild 521, siehe Bild 536).

Die Regale der Spielwarenläden und Kaufhäuser sind in den 90er Jahren angefüllt mit Packungen über Packungen zahlloser Mini-, Mikro- und anderer Kleinstspielzeuge. In dieser und jener Packung finden sich, neben dubiosen Phantasiemaschinen und Weltraumvehikeln, tatsächlich einige winzige Baumaschinenmodelle (Bild 522).

Noch winziger, teils sogar kleiner als die Modellbahnspur Z, sind die Baumaschinen einer neuen Caterpillar-Serie von Mattel, die im Rahmen der Spielzeugreihe „Planet Micro“ erscheint. Alle wesentlichen Baumaschinenarten sind enthalten (Bild 523). Unverständlich ist nur, warum gegenüber den vielen neuen Cat-Maschinen beim Hydraulikbagger ein veralteter Cat 235 mit den für 1974 typischen Kabinenfenstern gewählt wurde.

Bild 522: Die Matchbox Cat D9G diente Galoob als Vorbild für diese Miniatur in 1:175, nur wurden leider die Ketten eingespart... Daneben eine RayGo-Walze nach Corgi- und ein Poclain-Bagger nach Majorette-Vorbild.

Bild 523: Kleinste Cat-Maschinen aus der Serie „Planet Micro" von Mattel: Scraper 631E (1:225), Muldenkipper 775D Quarry Truck (1:232) und ein eigentümlich alter Hydraulikbagger 235, dessen Vorbild von 1974 stammt (1:186).

Und auch das gibt es: Manche angeblichen Modelle können in Wahrheit nur verzerrtes Spielzeug sein: Angeblich im typisch amerikanischen Maßstab 1:64 präsentiert Scenery Unlimited einen Nachguß der Caterpillar D6C in 1:52 von Shinsei. Sogar die nicht auf den Laufrollen aufliegenden Gummiketten werden „detailgetreu" nachgeformt. In der Modellfachpresse wird die kleine Planierraupe als Cat D9, als Phantasieprodukt oder als Allis-Chalmers bezeichnet – denn wer erinnert sich noch an japanische Modelle der 70er Jahre?

Bild 524: Mit H0-Kranmodellen von den Gebrüdern Overdijk (O&O Minitech) ausgestattetes Diorama einer Raffineriebaustelle auf der Baumaschinen-Modellshow im niederländischen Ochten.

H0 für allerbeste Museumsqualität

Wer Baumaschinen lieber möglichst realistisch aufbauen und in naturgetreue Dioramen einfügen möchte, der wählt den universellen H0-Maßstab 1:87 (Bild 524). Wer sich zudem gleichermaßen um neue und ältere H0-Baumaschinenmodelle bemüht, kann sich auf mehr als 250 Erdbeweger-, Kran-, Walzen- und andere bauverwandte H0-Miniaturen freuen (Bild 525).

Bild 525: Eine limitierte Serie von zwölf verschiedenen, äußerst detaillierten Caterpillar-Messingmodellen wird für Classic Construction Models (CCM) im Maßstab 1:87 in Korea produziert.

Bild 526: Kaelble-Baumaschinen als 1:87-Bausätze von Kibri: Der Knicklenker KK25 stammte von Randon aus Brasilien, basierte auf einer Konstruktion von Nordströms und wurde zunächst von Aveling-Barford, später auch von Furukawa und Payhauler angeboten – sechs mögliche Modelle in einem!

Wird die Verhältniszahl 1:87 nicht so genau genommen und werden auch noch Verkleinerungen zwischen 1:80 und 1:100 geduldet, steigt das verfügbare Sortiment auf rund 350 Modelle. Damit rückt H0 in der Beliebtheitsskala kleiner Baumaschinenmaßstäbe zweifelsfrei auf Platz zwei dicht hinter 1:50. Einen wesentlichen Beitrag zur Popularisierung der H0-Baumaschinen leistet Kibri (Bilder 526, 527).

Aufgrund der Verbreitung von H0 nehmen in diesem Jahrzehnt mehrere Kleinserienhersteller die Fertigung von Bausätzen und Fertigmodellen mit Baumaschinenvorbildern auf. Die Leipziger Firma SPM (Stosch Parussidis Modellbau) legt die schöne Dampfwalze aus ehemaliger Espewe-Produktion erneut auf.

Bild 527: Nach einigen Baumaschinen „normaler" Größe wie dem Terex-Muldenkipper 3308E rückt Kibri mit den Kunststoffbausätzen im H0-Maßstab mutig zu Großmaschinen wie diesem Komatsu-Radlader WA800 auf.

Bild 528: 270 short tons, das sind 245 metr. t, lädt der 27 m lange Kohle-Bodenentleerer Unit Rig „Lectra Haul“ BD-270, ein von Walter Altmannshofer gebautes und verfeinertes, in 1:87 immerhin fast 32 cm langes D&K-Modell.

Ein ganzes Sortiment bemerkenswerter H0-Baumaschinen wird von der deutschen Firma D&K-Modellbau produziert (siehe Bilder 10 und 373). Dies beinhaltet nicht nur bekannte Maschinen, außergewöhnliche Ölfeldfahrzeuge und Off-Road-Schwertransporter, sondern auch riesige Tagebaufahrzeuge (Bild 528).

Den in den 60er Jahren bereits von Wiking in 1:87 gebauten Kaelble-Muldenkipper KVW 35 läßt die deutsche Firma Hanewacker als Resinbausatz wieder auferstehen. Es soll sich, so heißt es, beim „Kälble“, wie in der Bausatzbeschreibung steht, nicht um einen Wiking-Nachguß handeln.

Ein mysteriöses Werbemodell eines P&H-Tagebaubaggers 4100 im Maßstab 1:87, das gemäß einiger Anzeigen eigentlich auch in den freien Handel gelangen

Bild 529: Anscheinend in China produziert wurde nur für kurze Zeit das schöne 1:87-Modell des 1.077-t-Seilbaggers P&H 4100, das die von Conrad 1978 begonnene Tradition fortführte (siehe Bild 373).

sollte, verunsichert zahlreiche Sammler (Bild 529). Leider ist es, bis auf vereinzelte Exemplare, weder über Harnischfeger noch über den Handel erhältlich und damit schon nach kürzester Zeit äußerst rar.

Bild 530: Der H0-Maßstab 1:87 ist ideal für große Turmdrehkrane: Das Werbemodell des spitzenlosen Obendrehers Zeppelin ZBK 100 von Conrad ist in dieser Baugröße noch mehr als einen halben Meter hoch.

Erfreulicher als solche „Kopfschmerz-Modelle“ sind für Sammlerherzen die vielen Turmkranmodelle, die die deutschen Zinkdruckgußhersteller Conrad und NZG im Maßstab 1:87 produzieren (Bild 530). Eifrige Sammler und Modellbauer können neben ihre H0-Autokrane von Kibri und Wiking sogar welche aus russischer Fertigung stellen (Bild 531).

Eine große Gruppe unter den H0-Baumaschinen nehmen die Oldtimer ein, die meist als Weißmetallbausätze lieferbar sind und in den historischen Abschnitten der vorangegangenen Kapitel Berücksichtigung fanden.

Weißmetall: buntes Maßstabsgemisch

Auch in diesem Jahrzehnt treffen wir auf interessante Weißmetallmodelle (Weißmetall ist Hartzinn) in recht unterschiedlichen Maßstäben, die als Fertigmodelle oder als Bausätze erhältlich sind. Die amerikanische Firma Anheuser fertigt 250 durchnummerierte Weißmetallmodelle des 190-t-Muldenkippers Caterpillar 789 und, nicht ganz im gleichen Maßstab, nämlich etwas kleiner, einen ebenfalls limitierten Kettendozer Cat D8N (Bild 532).

Die überwiegende Zahl der Weißmetallmodelle ist unbekannter Herkunft, ihre Hersteller werden nicht genannt (Bilder 533, 534). Da Hartzinn recht

Bild 531: Russische Modellhersteller produzieren nicht nur in 1:50, sondern auch im kleinen Maßstab 1:87 schöne Werbemodelle wie beispielsweise diesen vierachsigen Krupp-Teleskopkran.

Bild 532: Aus Hartzinn (Weißmetall) sind der Caterpillar-Muldenkipper 789 im Maßstab 1:100 und der Kettendozer Cat D8N in 1:107 von Anheuser, rechts eine H0-Preiserfigur.

Bild 533: Unechte Geländer und Leiter sowie wenige Einzelheiten lassen das Weißmetallmodell des Unit Rig „Lectra Haul" MT2200 trotz des kleinen Maßstabs von 1:76 etwas grob erscheinen.

schwer ist, bevorzugen die Baumaschinen- und Modellhersteller vergleichsweise kleine Maßstäbe, damit die Werbemodelle handlich und im wirtschaftlichen Rahmen bleiben. Manche Hersteller wie die Haulpak Division der Komatsu Dresser Corp. (KDC) lassen sogar verschiedene Weißmetallmodelle in gleichen Maßstäben produzieren, die auf diese Weise vorzüglich zusammenpassen (Bild 535).

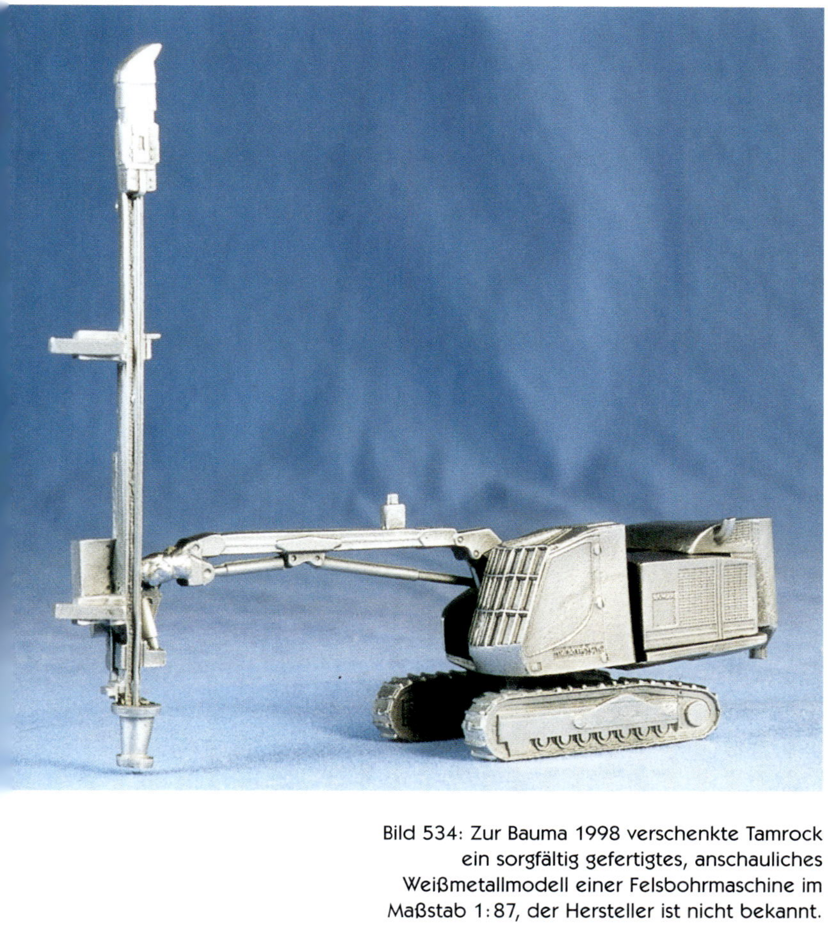

Bild 534: Zur Bauma 1998 verschenkte Tamrock ein sorgfältig gefertigtes, anschauliches Weißmetallmodell einer Felsbohrmaschine im Maßstab 1:87, der Hersteller ist nicht bekannt.

Bild 535: Ziemlich exakt zur Spur Z passen der Haulpak 830E und der Radlader Haulpak 4000 von KDC; beide Weißmetallmodelle wurden präzise im Maßstab 1:215 gefertigt.

Bild 536: Wunderbare, für den Maßstab 1:160 erstaunlich gut detaillierte Modelle wie ein Cat-Scraper 631E und eine Cat-Raupe D8H werden von GHQ als Weißmetallbausätze hergestellt.

Hartzinn eignet sich bestens zur Herstellung von Kleinserienmodellen, so daß zahlreiche Bausätze aus diesem Material gefertigt werden. In erster Linie trifft das auf die 1:87-Baumaschinen-Oldtimer zu, aber auch auf eine zunehmende Anzahl von Bausätzen für die Modellbahnspur N (Bild 536).

Im herkömmlichen Maßstab 1:50 liefert Zon Models aus Holland sogar Weißmetallbausätze des großen Demag-Raupenkranes CC2000 und des Autokranes TC2000 (Bild 537). Etwas aus der Maßstabsreihe fallen die fein detaillierten Weißmetallbausätze der 1:76-Oldtimer von Langley Miniature Models (siehe Bilder 119, 120, 207 und 307) und die der 1:48-Oldtimer von McKenzie Iron & Steel (siehe Bild 75).

Bild 537: Mit dem Raupenkran Demag CC2000 setzte Zon Models neue „Maßstäbe" im Kranmodellbau: Ausleger und Raupenketten sind aus Spritzguß-Kunststoff, der Oberwagen ist aus Weißmetall.

Bild 539: Nicht im üblichen „Turmkran-Maßstab" 1:87, sondern wie die meisten Baumaschinen in 1:50 fertigte Conrad einen Schnellmontagekran von BPR-Cadillon.

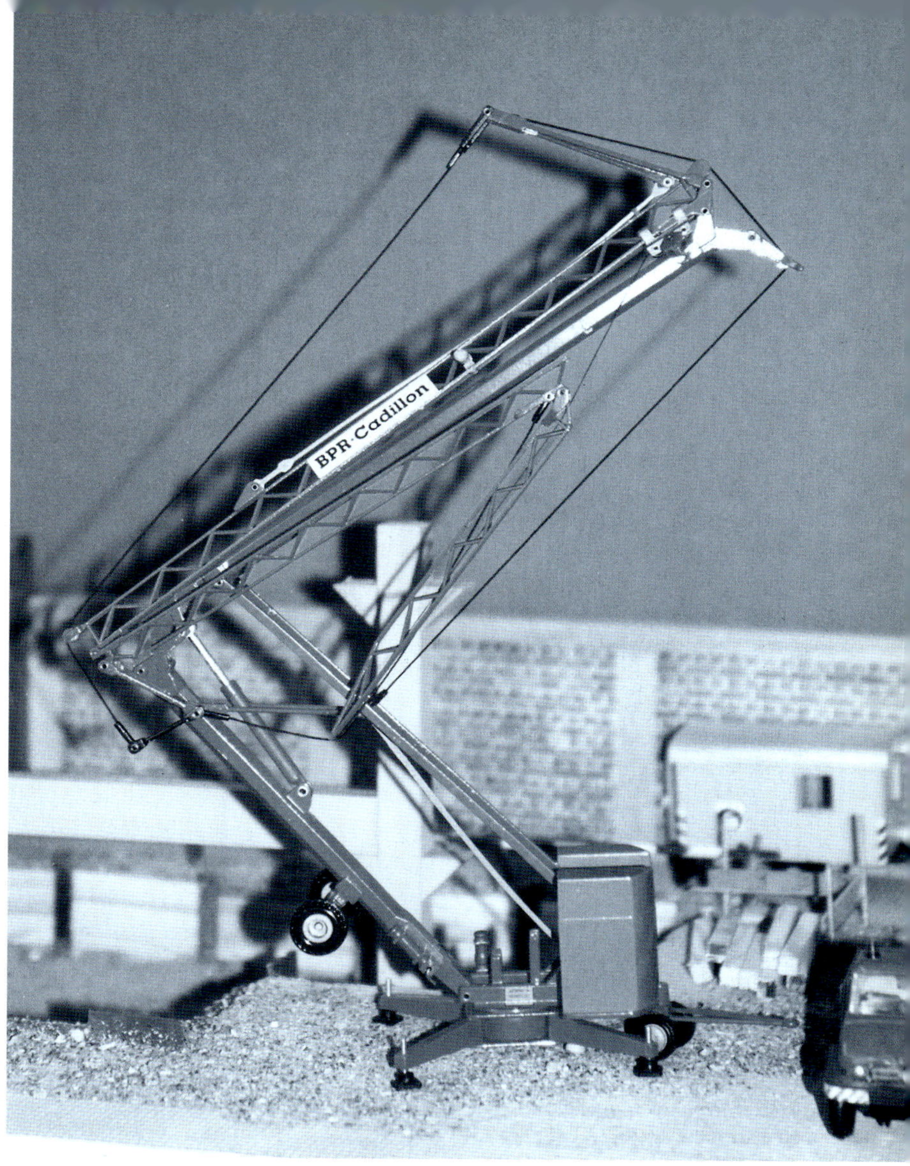

Wenn Baumaschinenmodell, dann 1:50

Der „Baumaschinen-Maßstab" 1:50 ist inzwischen zu einer festen Größe in der Industrie geworden. Parallel zur Vorstellung neuer Maschinen lassen alle namhaften Baumaschinenhersteller Werbemodelle anfertigen (Bild 538). Immer häufiger rücken nun auch kleine, große oder hohe Baumaschinen, die früher wahrscheinlich in 1:35 oder 1:87 gefertigt worden wären, zur 1:50-Gruppe hinüber (Bilder 539, 540).

Der sich schon Ende der 70er Jahre ankündigende Wettkampf der Hydraulikbagger-Giganten (siehe Bilder 425 und 426) setzt sich auch auf Miniaturebene

Bild 538: Gleich mit drei Werbemodellen – oben 1:50 von Shinsei, links 1:50 von NZG, rechts 1:43 aus Japan für Entertec – wurde die neue Baggerserie 300 von Caterpillar gewürdigt.

Bild 540: Trotz seiner kleinen Dimensionen baute ein unbekannter Hersteller den knickgelenkten Weimar-Radlader WL 470 (heute Hydrema) nicht im größeren Maßstab, sondern lieber in 1:50.

Bild 541: Das mit Abstand bislang größte Baumaschinen-Werbemodell war 1992 der Demag H 485 von NZG, hier in verfeinerter Version von Günter Beimdieke beim Beladen eines Cat 789, ebenfalls von NZG.

fort. Gleich drei der Riesenbagger erscheinen in diesem Jahrzehnt und sprengen alle bislang bei 1:50-Modellen gewohnten Rahmen.

Das größte bis 1992 erschienene Zinkdruckgußmodell im Maßstab 1:50 ist der Demag H 485, das NZG-Modell eines 522 t wiegenden Baggers. Mit beeindruckenden Maßen steht das Modell dem Vorbild in nichts nach, denn es ist mit ausgestrecktem Ausleger fast einen halben Meter lang, genau sind's 49,5 cm (Bild 541). Die Schaufel reicht bis zu 36 cm hoch, so daß der H 485 manches Sammlerregal sprengt.

Bild 542: Ein Dritteljahrhundert Baggergeschichte liegen zwischen dem O&K-Mobilbagger MH 5 von Strenco und dem RH 200, einem 4,3 kg wiegenden, wuchtigen Modell aus Rußland von der Firma Autorussia.

Bild 543: 5,4 kg schwer – so schwer wie große Stahlmodelle der 50er Jahre – ist das 1:50-Modell des faszinierenden 530-t-Baggers Liebherr R996, der vorzüglich zum Liebherr KL-2450 (ehemals Wiseda „King of the Lode") paßt.

Orenstein & Koppel möchte ebenfalls ein eindrucksvolles Baggermodell präsentieren; der RH 120C von Conrad reicht dazu nicht. Deshalb läßt man ein schweres, gut gearbeitetes RH-200-Modell in Rußland von Autorussia produzieren (Bild 542) wie übrigens auch den O&K-Radlader L35.

Liebherr steigt mit dem R996 Litronic ebenfalls in die 500-t-Baggerklasse ein und beauftragt Conrad mit der Produktion eines reich detaillierten Supermodells, bei dem sogar zwei kombinierte Motor- und Hydraulikpumpen-Module herausgenommen werden können. Zugleich nimmt Conrad die Fertigung eines passenden Muldenkippers der Liebherr Mining Truck Inc. auf, die aus der ehemaligen US-Firma Wiseda hervorging (Bild 543).

Die Produktion von Baumaschinen-Werbemodellen im Maßstab 1:50 hat inzwischen beachtliche Dimensionen angenommen: Jährlich verlassen beispielsweise 350.000 bis 400.000 Modelle das Nürnberger NZG-Werk, und das Programm wird jährlich um etwa zehn neue Modelltypen ergänzt (Bild 544).

Bild 545: Ähnlich wie das Monster von Loch Ness erhielt ein Moxy-Modell der italienischen Firma Oldca[rs] einen wahrhaft mystischen Ruf... In der Sammlung von Xavier Gauthie[r] existiert es tatsächlich!

Bild 544: Beeindruckend ist das fein detaillierte NZG-Modell des 240-sht-Muldenkippers 793C von Caterpillar, hier mit einem NZG-Gradermodell des Cat 16G für die Pflege der Fahrtrassen.

Während einige Modellhersteller wie Oldcars kaum neue Miniaturbaumaschinen erschaffen, bemühen sich allerlei neue Hersteller um Marktanteile am internationalen Werbemodellgeschäft (Bild 545). Neu auf dem Markt sind Modelle der Serie „Scoop" von Microlink, in erster Linie Werbemodelle für Volvo Baumaschinen. Die Modelle werden in China produziert und von Großbritannien aus vermarktet (Bild 546).

Wie uns der RH 200 demonstrierte, blicken besonders deutsche Baumaschinenhersteller gerne nach Rußland, denn dort werden von einigen Kleinserienherstellern 1:50-Werbemodelle in bester Qualität auf Räder und Raupen gestellt

Bild 546: Volvo Construction Equipment (VCE) überarbeitete die bewährten Åkerman-Bagger zur neuen Volvo-Baggerreihe; Microlink „Scoop" präsentierte die 1:50-Nachbildung des neuen EC280.

(Bild 547). Auf der Suche nach interessanten Exemplaren stoßen wir sogar auf einheimische Werbemodelle russischer Baumaschinen, wobei sich irgendwer leider wieder für 1:43 statt für 1:50 entschied (Bild 548).

Bild 547: Zur Bauma 1995 wurden einige Exemplare des eigentlich weißen, in Rußland produzierten Modells des Krupp KMK 4070 „MegaTrack" sowohl in verchromten als auch in lila-blauen Varianten abgegeben.

Bild 548: Russische Modelle des O&K-Radladers L35 und des Chelyabinsk T-170 mit Bulldozer/Ripper D10.02EH; die Schachtel identifiziert die Raupe eindeutig als Werbemodell.

In Japan fertigen weiterhin Diapet, Tomica und die aus Shinsei hervorgegangene Firma Goods Wave Baumaschinen-Werbemodelle. Selten sind welche von Modelling UI, die meist schwer in der Hand liegen, da viele Teile aus massivem Zinkdruckguß bestehen (Bild 549).

Auch koreanische Baumaschinenhersteller möchten ihre Kunden mit Modellen erfreuen. So läßt Samsung bei der ebenfalls koreanischen Firma Kingstar 1:50-Modelle des Hydraulikbaggers SE210LC fertigen (Bild 550). Stattdessen lassen Amerikaner Baumaschinenmodelle inzwischen mit Vorliebe in China und Korea produzieren, beispielsweise Classic Construction Models (CCM), Ertl und Hiram Construction Co. in Verbindung mit dem Baggerhersteller Gradall (Bilder 551, 552).

Bild 549: Das schwere und teure Kranmodell des Sumitomo SC650 bot Sammlern nicht, was sie für den Preis erhofften, beispielsweise mehr Details und einen längeren Ausleger.

Bild 550: Internationaler Modellreigen: japanische Nissha-Schürfraupe SR2001 als NZG-Modell von Frutiger aus der Schweiz, koreanischer Samsung SE210LC von Kingstar, japanischer Diapet-Bulldozer in 1:55, ohne Zweifel eine Komatsu D375A.

Bild 551: John-Deere-Hydraulikbagger 200LC von Ertl im Maßstab 1:50 aus China und Ditch-Witch-Grabenfräse 3500 mit Frontbagger A222 von New Clover im Maßstab 1:43 aus Korea.

Bild 552: Eigens für Gradall ließ Hiram Construction Co. in China limitierte Auflagen mehrerer Gradall-Maschinen wie diesen Auto-Teleskopbagger XL 5100 im Maßstab 1:50 produzieren.

Übrigens, die schönen, weil nicht teuren und gut detaillierten Baumaschinenmodelle in verschiedenen Maßstäben von Gama sind zum Ende der 90er Jahre in einem Katalogprogramm gelandet, in dem sie vor 40 Jahren niemand erwartet hätte – in der „Schuco Collection 98" unter der Rubrik Hobby & Technik. Wie man hinterherhinkt, zeigen die Bezeichnungen „Clark-Bobcat-Lader" – Melroe Bobcat gehört längst zu Ingersoll-Rand – und „O&K Großmuldenkipper" – das Vorbild, der Faun K 55.5, wird seit Jahren nicht mehr gebaut.

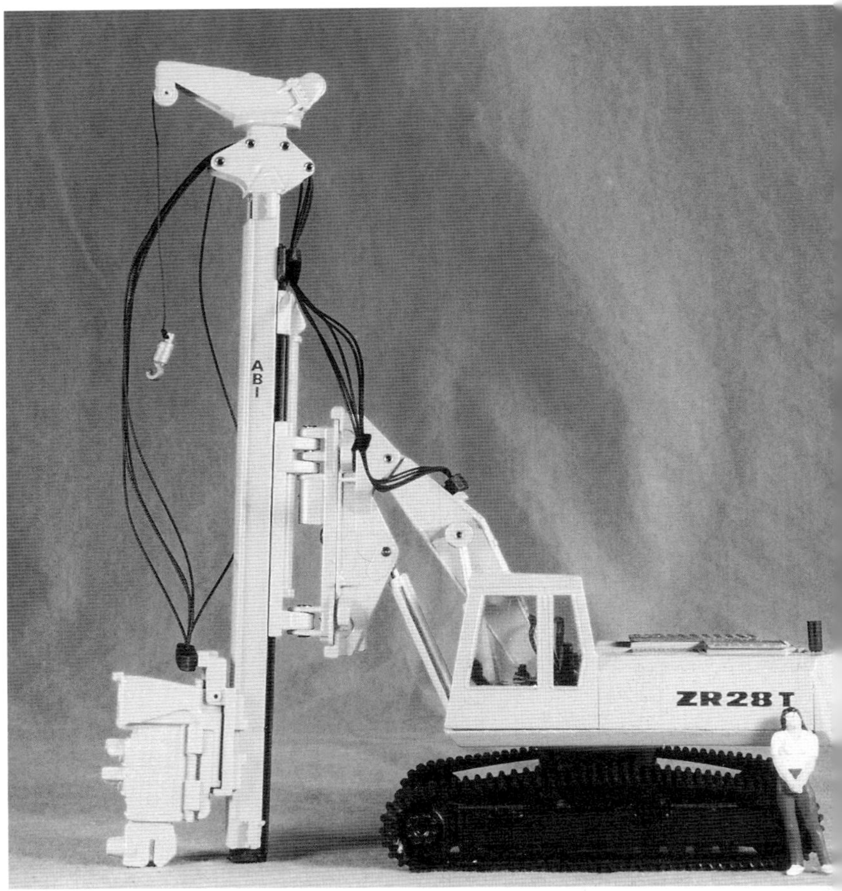

Bild 554: Trägergerät ZR28T mit mäklergeführtem ABI-Vibrationsbär aus dem Lieferprogramm des deutschen Caterpillar-Exklusivhändlers Zeppelin Baumaschinen, ein 1:50-Modell von Conrad.

Sogar die meist limitierten, uns längst bekannten schweren Werbemodelle aus Hartzinn schlagen um 1:50 keinen Bogen mehr: Entgegen der amerikanischen Tradition bringt die Lee Wayne Co. ein limitiertes und numeriertes 1:50-Modell des John-Deere-Hydraulikbaggers 690E LC heraus. Spec Cast offeriert eine ganze Serie von Case- und John-Deere-Baumaschinen aus Hartzinn.

Die Flut der 1:50-Werbemodelle spült auch Nachbildungen außergewöhnlicher, im Rahmen bestimmter Bauverfahren unverzichtbarer Baumaschinen auf Regale und in Vitrinen. Eine Vor-

Bild 553: Die Arbeits- und Funktionsweise des Bodenstabilisierers und Recyclers WR 2500 von Wirtgen läßt sich wunderbar anhand dieses interessanten NZG-Modells demonstrieren.

Bild 555: 196 t Gewicht und 1.634 PS Leistung mit zwei Kettendozern: vorn das herkömmliche Conrad-Modell der Caterpillar D11N, hinten die limitierte Sonderauflage mit Metallraupen und Impact-Aufreißer.

reiterrolle nehmen hierbei zweifellos Conrad und NZG ein (Bilder 553, 554). Derartige Modelle ziehen dank ihres von der Masse abweichenden Erscheinungsbildes stets viele Blicke auf sich.

Wie bei den großen, so gibt es ebenso bei den kleinen Baumaschinen bereits Lieferanten für spezielle Anbauausrüstungen. Classic Construction Models (CCM) liefert aus Messing für Hydraulikbagger der Maßstäbe 1:43 bis 1:50 unter anderem eine Kent-Vibrationsplatte, ein Hendrix-Grabenverdichtungsrad sowie einen Esco-Hydraulikhammer.

Sowohl die Modell- als auch die Baumaschinenhersteller richten sich zusehends darauf ein, daß Werbemodelle begeistert gesammelt werden. Conrad produziert zum Beispiel vom gängigen Modell des größten Caterpillar-Kettendozers D11N eine limitierte Sonderversion mit Metallraupen und dem innovativen Impact-Schlagaufreißer, bei dem ein integrierter Hydraulikhammer auf die Zahnspitze einwirkt (Bild 555).

Dem Wunsch vieler Sammler, Modelle sehr interessanter, außergewöhnlicher oder großer Baumaschinen neben die herkömmlichen Werbemodelle zu reihen, entspricht eine wachsende Zahl von Kleinserienherstellern in Europa und den Vereinigten Staaten, die ihre Modelle häufig in Rußland, Korea oder China

Bild 556: Von einigen Sammlern wird der große Manitowoc M250, ein limitiertes 1:48-Messingmodell von Classic Construction Models (CCM), als bestes Raupenkranmodell überhaupt bezeichnet.

kostengünstig produzieren lassen. Solche besonderen Baumaschinenmodelle, meist im Maßstab 1:50 oder 1:48, erscheinen in geringen Auflagen von etwa 50 bis 1.000 Stück, werden handgefertigt, -montiert und -lackiert und sind auf westlichen Märkten dementsprechend teuer (Bild 556).

Dessen ungeachtet fertigen einige europäische Firmen wie in England Wilson Models und Platypus Industrie oder in Deutschland Unicata ihre meist exklusiven Werbe- und Sammlermodelle in der Heimat (Bilder 557, 558). Solche Kleinserienhersteller nehmen gerne Aufträge aus der Industrie und von privater (Sammler-)Seite an.

In kleinster Auflage von nur 50 Stück werden in den Vereinigten Staaten von Truck Miniature 1:50-Modelle des gewaltigen, 1.043 t wiegenden Löffelbaggers Marion 301-M in Museumsqualität gefertigt (Bild 559). Die meisten Modelle, auch mehrere in speziellen Kundenlackierungen, werden von Marion als Werbegeschenke abgegeben. Leider führen Differenzen zwischen dem Modellhersteller und dem Vertriebspartner zum Ende dieser limitierten Baggerserie.

Bild 557 (rechte Seite): 108 t wiegt de Demag AC 1600 bei Straßenfahrten 500 t dürfen am Haken des Teleskopauslegers hängen: exklusive 1:50-Modell mit drehbaren Winden von Unicata aus Deutschland

GEBR. MARKEWITSCH
MARKEWITSCH
GEBR. MARKEWITSCH

Bild 559: Im verbreiteten Maßstab 1:50 ist dieses exklusive Modell des zur Beladung von Muldenkippern mit 220 t Nutzlast bestimmten Elektro-Löffelbaggers Marion 301-M beachtliche 59 cm lang.

Bild 558: Bis ins kleinste Detail lupengetreu nachgebildet ist der aus über 1.500 Teilen, vorwiegend Messing, montierte Euclid R-260 als kostbares, 2,8 kg wiegendes Werbepräsent in 1:50 von Pletypus Industrie.

Bild 560: Zum 50jährigen Jubiläum präsentierte JCB ein von Joal produziertes 1:35-Modellset mit dem Baggerlader 4XC Sitemaster und dem ersten, 1945 von Joseph Cyril Bamford gebauten Kippanhänger.

Einige Modellhändler beklagen sich bereits, daß das Ankündigen und Erscheinen sehr kostspieliger Kleinserienmodelle den Markt austrockne. Soll ein bedeutendes, teures Modell demnächst erhältlich sein, legen viele Sammler ihr Geld beiseite, so daß die Verkaufszahlen der regulären und vergleichsweise preiswerteren Modelle in den Keller sacken.

Große Modelle für Kinder und Kunden

In den vergangenen Jahrzehnten haben wir erfahren, warum einige Baumaschinenhersteller größere Maßstäbe für ihre Werbemodelle bevorzugen. Die stärksten Verfechter des Maßstabes 1:35 sind Case und JCB (Bild 560). Andere Hersteller kleiner und winziger Baumaschinen greifen die Idee gerne auf, distanzieren sich von der 1:50-Masse und lassen ihre Werbemodelle ebenfalls in 1:35 anfertigen (Bild 561).

Bild 561: Die Besonderheiten des Kramer 314 Unicat gibt das NZG-Modell in 1:35 bestens wieder: einzelner, rechts angelenkter Hubarm, Allradlenkung für kleinste Wendekreise und für Querfahrten im Hundegang.

Selten sind leider 1:35-Modelle größerer Baumaschinen – vielleicht, weil sie zuviel Platz fressen? Ein herrliches Zinkdruckgußmodell im etwas größeren Maßstab 1:32 beschert uns die spanische Firma Guisval: Es ist der Komatsu-Hydraulikbagger PC400LC, erfreulicherweise mit Metallraupen und einer zu öffnenden Kabinentür (Bild 562). Anfänglich gilt es als sehr limitiert und rar und wird als Geheimtip gehandelt, doch später wird Joal dieses Modell sogar in zwei Versionen – mit Plastik- oder Metallketten – zu Zigtausenden weiterproduzieren.

Bild 562: Unter den Ausleger des Komatsu PC400LC von Guisval (1:32) paßt der Kompaktbagger FAI Komatsu PW95 (1:35). Wie bei vielen Modellen sind auch die Raupenglieder des PC400LC außen – und daher unrealistisch – an den Bodenplatten miteinander verbunden.

Bild 563: Außer dem Hydraulikbagger Fiat-Hitachi FH200 produziert Ros im Maßstab 1:32 zwei ansehnliche, auch mit Hydraulikschläuchen versehene Fiatallis-Modelle des Radladers FR130 und der Planierraupe FD14E.

Bild 564: Der älteste Graderhersteller der Welt, Champion aus Kanada, wurde von Volvo Construction Equipment übernommen. Treewater hielt den Champion 740A VHP im mächtigen Maßstab 1:25 fest.

Statt 1:35 befürworten spanische und italienische Modellhersteller 1:32, den bei landwirtschaftlichen Modellen üblichen Maßstab. Der italienische Hersteller Ros, bislang bekannt für Farmmodelle, wählt deshalb wohl 1:32 für drei schöne, aus Kunststoff- und Metallteilen kombinierte Baumaschinenmodelle (Bild 563).

Bei Modellen von Minimaschinen entscheiden sich die Hersteller und Modellbauer meist für den Maßstab 1:25, der naturgemäß bei „ausgewachsenen" Baumaschinen viel beeindruckender wirkt als 1:50. Wir kennen solche Modelle ja aus den 50er und 60er Jahren. Neu im Modellgeschäft ist die kanadische Firma Treewater, die dieser Tradition mit einem Gradermodell folgt (Bild 564). Viel häufiger sind jedoch die Minimaschinenmodelle in 1:25, die in Mengen auf den

Bild 565: Typischer Minibagger im typischen Maßstab für Minimaschinen-Werbemodelle: Der Kobelco 30SR wurde von einem unbekannten japanischen Hersteller wie üblich in 1:25 produziert.

Markt kommen. Nur wenige Sammler versuchen, die 1:25-Werbemodelle aller Minibagger, Kompaktlader und Kleinlader vollständig zu besitzen (Bilder 565, 566).

Weiterhin erfreut uns die deutsche Firma Bruder mit ihren großen, gut zum Spielen geeigneten und auch als Modelle tauglichen Kunststoff-Baumaschinen (siehe Bild 483). Neben einem Fiatallis-Radlader, einem JCB-Baggerlader und einem Völker-Dumper mit interessanter Drehmulde bereichert eine bullige Planierraupe das Bruder-Programm. Mit verstellbarem Schild und Heckaufreißer ausgestattet, kann sie in Sandkisten beträchtliche Massen bewegen (Bild 567).

Bild 566: Sogar auf einen Sockel ließ der spanische Hersteller Ausa seinen Kleindumper 150 DH stellen, den eine nicht bekannte spanische Firma im Minimaschinen-Maßstab 1:25 fertigte.

Bild 567: Fast schon Modellcharakter bietet der große Spielzeug-Kettendozer Cat D8N von Bruder im Maßstab 1:18; nach ein paar Verfeinerungen erhält der Sammler ein beeindruckendes Raupenmodell.

Bild 568: Eines der schwersten in Serie gefertigten Baumaschinenmodelle dürfte die riesige Caterpillar D11N im Maßstab 1:16 von Valley Patterns sein; leider ist das Modell kaum detailliert.

Bild 569: Ein kompletter Eigenbau aus 0,25 bis 1 mm dicken Kunststoffplatten, 0,4 mm dicken Messing-„Bolzen“ und 0,3-mm-Messingdraht ist der kaum streichholzlange Pel-Job TB 605S von Walter Altmannshofer.

Um modernste Baumaschinen in den alten amerikanischen Maßstäben einfangen zu können, wird in den Vereinigten Staaten die Caterpillar D11N im Maßstab 1:16 produziert – das größte je in Serie hergestellte Cat-Modell (Bild 568)! Allerdings ist das nach widersprüchlichen Angaben 14 oder 19,5 kg schwere und 57 oder 60 cm lange Modell aus rauhem Aluminiumguß gefertigt, hat eine auffällige Mittelnaht und bietet eine nur geringfügige Detaillierung, ist daher kaum eine Freude fürs Auge…

Bild 570: Den Unterwagen und die Raupen des 1:55-Menck-Baggers von Siku nutzte Günter Storch für seinen Eigenbau des 175-t-Baggers Hitachi EX 1800 im Maßstab 1:87.

Die exklusivsten Modelle sind handgefertigt

Was früher einmal Spielzeuge und Werbegeschenke waren, ist heute heißbegehrt und wird emsig gesammelt. Vielen reicht es aber nicht, nur alte und neue Baumaschinenminiaturen neben- und hintereinander zu reihen. Sie möchten auch Baumaschinen en miniature haben, die wichtige Impulse setzten, die bedeutende Meilensteine oder obskure Sackgassenentwicklungen waren – oder die einfach nicht jeder andere Sammler hat.

Je nach bevorzugter Maßstabsgruppe entstehen die meisten Eigenbaumodelle in 1:50, wobei der H0-Maßstab 1:87 mit seinen zahlreichen Zubehör- und Gestaltungsmöglichkeiten vehement aufholt (Bilder 569, 570). Zwar sehr viel raumfressendere Modelle, aber auch feinere Detaillierungen ergeben sich mit dem Maßstab 1:50, so daß er von vielen Baumaschinen-Begeisterten für Um- und Eigenbauten genutzt wird (Bilder 571, 573).

Bild 571: Die auffällige Krankonstruktion des italienischen Obendrehers Comedil CTL 250 mit A-Rahmen und Nadelausleger baute Wilfried Schreiber aus Gama- und Kibriteilen in 1:50 nach.

Bild 572: Auf Basis des Euclid-Spielzeugkippers (siehe Bild 433) baute Jean-Claude Cassagnole den Bodenentleerer CH-85 in 1:50; zwei Cat D10N von Ertl schieben und ziehen einen Holland-Bandlader von Bage.

Seltener wagen sich Modellbauer an wirklich große, unhandliche Projekte, indem sie Baumaschinen im Maßstab 1:25 oder größer nachbauen. Wir werden in Kürze einige solcher Modelle kennenlernen, die jedoch sämtlich ferngelenkt sind. Standmodelle in großen Maßstäben sind eine Ausnahme, bieten aber faszinierende Möglichkeiten zur täuschend echten Detaillierung (Bilder 573, 574).

Wirklich sperrig und kaum noch von einer Person zu tragen sind Modelle von riesigen Tagebaumaschinen in großen Maßstäben. Zum Trost für die Unhand-

Bild 573: Bewundernswerte Turmdrehkrane, sowohl Oldtimer als auch neue, baut Dietmar Thiels im Maßstab 1:20. Neun der bis zu 5 m hohen Modelle wurden im Foyer des Bauunternehmens Bilfinger & Berger ausgestellt.

lichkeit wird der Modellbauer in die Lage versetzt, das überwältigende Flair derartig großer Baumaschinen en miniature einfangen zu können (Bilder 575, 576). Dennoch nehmen solche Modelle unter den Baumaschinen-Eigenbauten einen verschwindend kleinen Anteil ein.

Geisterhände bewegen Baumaschinen

Auf vielen deutschen und europäischen Modellveranstaltungen begegnet uns nun erneut ein alter Bekannter: Der große, 91 kg wiegende Menck-ähnliche Bagger von 1954 (siehe Bild 200) wird fleißig vom Erbauer Horst Moch und Sohn Eitel betrieben (Bild 577). Und dabei sind die kabelabhängige Fernsteuerung und Stromversorgung gar nicht so veraltet, denn bei Ausstellungen ist die Zuteilung der Frequenzen für die vielen Funkfernsteuerungen oft heikel. Bei dem am Stromkabel hängenden Menck gibt es zudem auch keine leergefahrenen Batterien …

Bild 574: Zwei Jahre baute Kai Specht am 1:24-Modell seines O&K-Knicklenkers D 35; für die äußerst vorbildgetreue Detaillierung wurden sogar die Reifen und Felgen in Eigenregie gegossen.

Bild 575: Der 218-t-Radlader LeTourneau L 1800, mit 25 m^3 Schaufelinhalt der größte der Welt, ist als mächtiges Modell von Victor Wimmer im Maßstab 1:25 beeindruckende 71 cm lang.

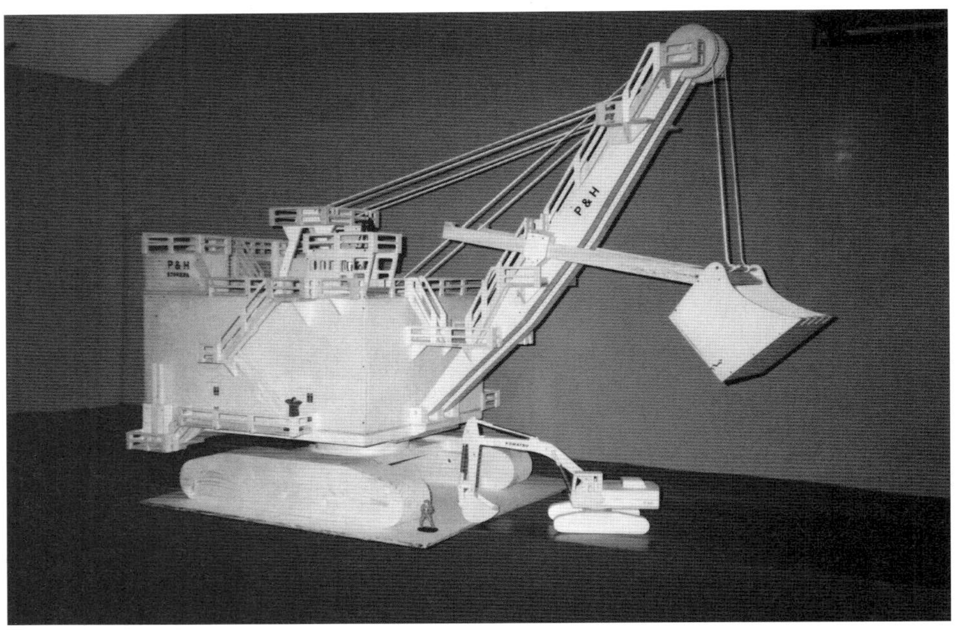

Bild 576: Paul Anderson fertigt im Maßstab 1:32 hölzerne Modelle von Baumaschinen aller Art – sogar vom 1.905-t-Tagebaubagger P&H 5700 XPA. Das Modell ist mit 1,22 m Länge und 67 cm Höhe überwältigend.

Bild 577: 44 Jahre hat er schon „auf'm Buckel", der 91 kg schwere Bagger von Horst Moch. Wenn Sohn Eitel am Kontrollpult für den 220-V-Antrieb sitzt, werden staunende Besucherscharen magnetisch angezogen.

Bild 578: Der funkferngesteuerte Knicklenker Caterpillar D30D von Jens Kaminski ist im Maßstab 1:12 rund 14 kg schwer und verfügt über eine elektrisch angetriebene Eigenbau-Hydraulik.

Bild 579: 23 kg wiegt der Liebherr R 942 Litronic von Bernd Wager in 1:12. Die selbstgebaute 40-bar-Hydraulik hebt bis zu 18 kg und kann sogar einen anzusetzenden Eigenbau-Hydraulikhammer betreiben.

Dank der Fortschritte bei Hydraulik, Elektronik sowie Modellbauwerkstoffen und -werkzeugen müssen ferngesteuerte Baumaschinenmodelle inzwischen nicht mehr groß sein. Der deutsche Volvo-Servicemechaniker Frank Kretschmer rüstet sogar die üblichen 1:50-Volvo-Werbemodelle von Joal und NZG mit Funkfernsteuerung aus. Dafür werden beispielsweise im Åkerman EC620ME von Joal sechs kleine E-Motoren, vier 1,5-V-Akkus und ein Funkempfänger „verstaut".

Nicht alle Modellbauer schätzen derart knifflige Unterfangen, so daß die meisten ferngesteuerten Miniaturbaumaschinen in größeren Maßstäben gebaut werden. Beliebt ist besonders bei deutschen und benachbarten Modellbauern hierfür der Maßstab 1:12. Sofern keine Minibagger oder Kompaktlader, sondern „ausgewachsene" Baumaschinen als Vorbilder gewählt werden, sind ziemlich schwere und große Modelle das Resultat (Bilder 578 bis 581). Ihre „Fahrer" hinter den Fern-

Bild 580: Keine 67 t Gesamtgewicht wie sein Vorbild, mit Ladung aber immerhin 60 kg bringt der ferngesteuerte und schnelle Cat 769C von Karl-Heinz Will im Maßstab 1:12 auf die Waage.

bedienungen sprechen häufig vom „im Sand spielen" und haben sich damit wohl ein echtes Stück Kindheit bewahrt!

Im geringfügig kleineren Maßstab 1:14,5 werden vom deutschen Hersteller Wedico sogar schon Baumaschinen-Fernsteuer-Modellbausätze und -Fertigmodelle mit funktionierender Hydraulik angeboten, so ein Raupenbagger Liebherr R 922, eine Laderaupe und ein Hanomag-ähnlicher Radlader mit Fahrerhaus auf dem Vorderwagen. Ein solches Modell erleichtert die Haushaltskasse um den Preis eines Gebrauchtwagens…

Während bei kleinen Maßstäben Differenzen zwischen beispielsweise 1:87 und 1:95 kaum auf den ersten Blick ersichtlich sind, liegt zwischen 1:12 und 1:10 schon ein deutlicher Abstand – ein 1:10-Kettendozer Cat D8N ist fast 14 cm länger als ein 1:12-Modell (Bild 582). In einem noch etwas größeren Maßstab – 1:9,5 – ist sogar eine vergleichsweise sehr preisgünstige Spielzeugbaumaschine mit Funkfernsteuerung erhältlich (Bild 583).

Nicht ganz so preisgünstig, nämlich für rund 25.000 Mark, ist von der deutschen Firma Brami im gewaltigen Maßstab 1:7,5 ein voll funktionstüchtiges, ferngesteuertes Modell des Kaelble-Radladers SL 26 zu erwerben (Bild 584). Eigentlich darf ein solches Modell schon fast mit

Bild 581: Das größte Autokranmodell der Welt ist der elektrisch angetriebene, ferngelenkte Liebherr LTM 11000D von Stephen Taylor im Maßstab 1:12 – mit angebauter Wippspitze werden volle 8 m Hakenhöhe erreicht!

Bild 582: Im Maßstab 1:10 baute Helmut Reschke seine 35 kg wiegende, 82 cm lange, ferngesteuerte Cat D8N aus weichgelötetem 1- bis 3-mm-Stahlblechen; 400 Stunden Bauzeit waren erforderlich.

Bild 583: Echo Toys produziert für Melroe funkferngesteuerte Modelle des Bobcat 753 im Maßstab 1:9,5; Allradantrieb, Hubarm- und Schaufelfunktionen sowie Beleuchtung sorgen für viel Spielspaß.

Bild 584: Kein „echter", sondern ein funkferngesteuerter Modell-Radlader des Kaelble SL 26 von Brami in 1:7,5 mit 60 bar Hydraulikdruck und bis zu 18 kg Schaufelnutzlast.

einem echten Mini-Radlader verglichen werden. Im ähnlichen Maßstab 1:8 fertigt die amerikanische International Machinery Corp. (IMC) ein Modell des 98-t-Kettendozers Cat D11N. Die ferngelenkte „Miniaturbaumaschine" ist 1,4 m lang, wiegt 120 kg und wird nicht elektrisch, sondern von einem 3 PS starken Vierzylindermotor angetrieben …

Wem auch das noch nicht als Modell einer Baumaschine reicht, der muß selbst zum Werkzeug greifen. Sonderbare „Modelle" sind es, die begabte Konstrukteure in großen Maßstäben von 1:5 oder gar 1:2,5 Gestalt annehmen lassen. Die Leistungen derartiger Baumaschinenmodelle übertreffen häufig die von konventionellen Minibaggern und ähnlichen Kleinstbaumaschinen (Bilder 585, 586, siehe auch Bild 2). So baggert Peter

Bild 585: Bis zu 8 m³ in der Stunde baggert der 580 kg wiegende Poclain 350 CK (Maßstab 1:5) von Peter Happel mit 80-bar-Hydraulik und 50-l-Löffel weg; der Antrieb erfolgt über 220-V-Netzstrom.

Bild 586: Hans-Jürgen Wessels baute ein 1:2,5-Modell des Volvo BM A25C mit 20-PS-Motor, Hydraulik und Gabelstaplerreifen. Das 3,9 m lange Modell wurde zur Bauma 1995 von einem echten Zettelmeyer-Kleinlader bis auf 3,5 t Gesamtgewicht vollgeladen.

Happel mit seinem Poclain 350 CK im Maßstab 1:5 auch Fundamentgruben, Löcher für Gartenteiche und Schwimmbäder oder Leitungsgräben aus!

Modelle sind schneller

In einer schnellebigen Zeit müssen Innovationen so bald wie irgend möglich auf den Markt gebracht werden. Doch was ist zu tun, wenn bis zur Fertigstellung des ersten großen Prototyps noch Monate vergehen werden? – Wir ahnen es: Die Lösung bietet sich mit einem Modell, das Fachleuten und potentiellen Käufern in aller Welt eine erste Idee der neuen Maschine geben kann.

Bild 587: Im schönen Größenvergleich mit den 1:50-Modellen des RH6 und des RH120C stellte O&K den 800-t-Hydraulikbagger RH400 erstmals als Modellfoto in der Bau- und Bergbau-Fachpresse vor.

Dies nutzt beispielsweise O&K bei der Vorstellung des gigantischen RH 400, des mit rund 800 t Gewicht größten Hydraulikbaggers der Welt (Bild 587). Übrigens verwendet O&K auch wunderbar gefertigte, sehr große Handmodelle als Blickfänger im Eingangsbereich der Hauptverwaltung in Dortmund und ebenso auf zahlreichen Messen und Verkaufsveranstaltungen.

Die amerikanische Firma Taylor Machine Works zeigt auf Messen große Werksmodelle von Sattelanhängern, die als Hinterkipper oder als Bodenentleerer auf modifizierte Cat- oder andere Muldenkipper-Chassis aufgesattelt werden. Harnischfeger bringt zu Bergbaumessen ein beachtliches Modell des großen Schreitbaggers P&H 9160. Viele P&H-Modelle, so Löffel- und Schreitbagger in den Maßstäben 1:48 und 1:87, werden vom begabten Harnischfeger-Mitarbeiter Duane Breitenfeldt in der Freizeit gebaut. Auch der neue Löffelbagger P&H 4100 mit 43 m^3 Standard-Löffelinhalt wird 1990 in Harnischfeger-Publikationen zunächst als schönes Maßstabsmodell präsentiert.

Besonders attraktiv ist die Umsetzung geplanter, zukünftiger Realität in gegenständliche Modelle. Bei zahlreichen Firmen rund um den Globus ist inzwi-

Bild 588: Huisman Itrec baute für Van Seumeren einen 2.400 t hebenden Spezialkran. Zur Bauma 1998 wurde ein schon im Maßstab 1:75 äußerst beeindruckendes Modell der Krankonstruktion ausgestellt.

schen bekannt, daß gut gebaute Modelle wahre „Show-Stopper" sein können und auf Messen und Ausstellungen stets die Aufmerksamkeit des Publikums auf sich ziehen (Bilder 588 bis 590).

Bild 589: Der russische Muldenkipperhersteller Belaz zeigte sich schon mit einem knickgelenkten 280-Tonner innovativ; hier ein Modell eines 300-Tonners auf fünf pendelnd aufgehängten Radpaaren.

Mit Modellen in die Zukunft – Topcon, ein Hersteller für Vermessungssysteme, entwickelt die Baggertiefensteuerung „Touch Series 5", bei der laserunabhängig jederzeit die Tiefen- und Ausladungsposition des Löffels über Sensoren erfaßt und auf einem Computerdisplay in der Kabine angezeigt wird. Zur Veranschaulichung der innovativen Baggersteuerung auf Messen nutzt Topcon ein großes Funktionsmodell eines Hydraulikbaggers.

Baumaschinen-Oldtimer lassen Sammlerherzen höher schlagen

„Was, Du sammelst Baumaschinenmodelle?" – Was vor ein oder zwei Jahrzehnten noch staunendes Kopfschütteln hervorrief, ist inzwischen schon zu einem recht verbreiteten Hobby angewachsen. Viele Sammler mögen nicht nur die allerneuesten Maschinennachbildungen, sondern auch die Baumaschinenvergangenheit en miniature. Diesem Bedürfnis folgen mehrere Kleinserienhersteller mit Bausätzen oder Fertigmodellen (Bilder 591, 592).

Zu den Kleinserien-Herstellern, die liebevoll gefertigte 1:50-Fertigmodelle für Sammler produzieren, zählen beispiels-

Bild 590: Konstruktionsmodell einer russischen Schürfraupe von Stroikaryermash mit 15 m³ Kübelinhalt, 88,5 t Gesamtgewicht, 350 PS Motorleistung und bis zu 16 km/h Tempo.

Bild 591: So etwas passiert, wenn Baumaschinen-Oldies zu lange unbeaufsichtigt bleiben! Gaffee aus Frankreich produzierte den 1:50-Bausatz des Nordest-Seilbaggers, Ron Coens baute ihn und hatte die nette Graffiti-Idee.

Bild 592: Als Jahresgabe nur für Mitglieder des Baumaschinenvereins AIPETHOAC fertigte Guy Flechon einen Bausatz der Cat D5, hier in einem ansprechenden Diorama von Lars von Rosen.

weise CCM und Gilson Riecke in den Vereinigten Staaten, ATM in Frankreich, Mantova Modelli in Italien, Kempal und Nestor Marine in Rußland, Kent in England und Unicata in Deutschland (Bilder 593 bis 596). Die Modellauflagen

Die meisten Modellbauer bevorzugen bei Eigenbauten neue Baumaschinen als Vorbilder, nur selten werden bislang Oldtimer nachgebaut. Welche Dimensionen ein solches Vorhaben schon im normalen Maßstab 1:50 annehmen kann, zeigt uns

Bild 593: Im Maßstab 1:32 läßt Kent Models englische Baumaschinen-Oldies wieder auferstehen, hier ein JCB 3 mit dem typischen, weil nach hinten abknickenden Kabinendach und sein Nachfolger JCB 3C.

dieser Hersteller schwanken stark und richten sich oft nach der Nachfrage. Ist sie hoch, werden Modelle für begrenzte Stückzahlen durchaus wieder aufgelegt.

Bild 594: 1970 war die Allis-Chalmers HD 41 mit 68 t Gewicht und 524 PS Leistung die größte Planierraupe der Welt. ATM hält sie als fein detailliertes 1:50-Kleinserienmodell fest.

Bild 595: Damit bei der eigenartigen Straßenwalze von Buffalo Springfield alle Walzbandagen stets Bodenberührung hatten, waren zwei an einem Pendelträger aufgehängt – so auch bei dem 1:50-Modell von ATM.

Bild 596: Wunderschöne Raupen-Oldtimer wie diesen John-Deere-Raupenschlepper mit kettenbetätigter Lindeman-Planiereinrichtung fertigt Gilson Riecke im Maßstab 1:25.

André Didier mit seinem Eigenbau-Modell des weltgrößten Seilbaggers, dem Schreitbagger „Big Muskie" von Bucyrus-Erie (siehe auch Bild 301). Nach Werksunterlagen und Videofilmen baute er den Modellgiganten hauptsächlich aus Holz mit zusätzlich verstärkenden Metallteilen (Bild 597).

Caterpillar ebenfalls auf ihre Tradition und lassen entsprechende Modell-Oldtimer anfertigen (Bild 598).

Inzwischen entschließen sich Modellfabrikanten wie NZG, in Abstimmung mit den Baumaschinenherstellern interessante historische Maschinen in Eigen-

Bild 597: André Didier braucht einen starken Helfer, um sein 3,5 m langes (!), 1,2 m breites und 1,8 m hohes 1:50-Modell von „Big Muskie" zu transportieren; vorne ein 220-t-Kipper Cat 793C als Größenvergleich.

Den Bedarf nach hübschen und interessanten Baumaschinen-Oldtimern erkennen nun sogar einige Original- und Modellhersteller. Abgesehen von den Weißmetallbausätzen historischer Baumaschinen im Maßstab 1:87, leiten Conrad und NZG diese Entwicklung mit den 1:25-Modellen der Caterpillar-Raupen „Sixty", D7 und RD 8 ein (siehe Bilder 109 und 111). Einige wenige andere Baumaschinenhersteller besinnen sich wie

regie zu produzieren und zu vermarkten (Bild 599). Die US-Firma T-Reproductions läßt einige der legendären Buddy-„L"-Stahlspielzeuge (siehe auch Kapitel II und III) wieder auferstehen. Autorisierte Repliken werden beispielsweise vom Löffelbagger und vom 19 kg schweren Eimerketten-Grabenbagger gefertigt.

Welch verlockende Geschäfte nun mit historischen Baumaschinenmodellen zu

Bild 598: New Clover produziert für Melroe ein schönes Modell des ersten, noch hinterradgelenkten Bobcat-Laders im Maßstab 1:25. Links ein Bobcat 753 in 1:50, rechts ein „Supermodel" in 1:25.

Bild 599: NZG läßt mit dem O&K-Seilbagger L 651 und dem Kaelble-Muldenkipper KDV 22 E8 deutsches Baustellenleben der 50er und 60er Jahre wieder lebendig werden – im Maßstab 1:50.

machen sind, zeichnet sich mit den endenden 90er Jahren ab. So läßt die US-Firma TfC Toys for Collectors bei NZG die Komponenten des 1:50-Seilbaggers von O&K (siehe Bild 599) exklusiv mit schwarzem Oberwagen und dunkelrotem Unterwagen als „Erie-type shovel" in limitierter Auflage produzieren. Mit seinem modifizierten Wellblechdach kann dieses Modell unerfahrene Sammler täuschen: Erie hat niemals auch nur annähernd ähnliche Bagger produziert!

Allein schon Form und Fenster des Führerstandes, der O&K-typische Unterwagen mit den zu Pendelpaaren zusammengefaßten Laufrollen und die große Umlenkrolle am Ende des Löffelstiels sprechen nicht, sondern schreien dagegen…

Aus einem exklusiven Hobby, das noch vor ein, zwei Jahrzehnten Sammler nur dank der Außergewöhnlichkeit ihrer Baumaschinen-Liebhaberei zusammenbrachte, entsteht nun ein gewinnbringender Industriezweig. Mehr und mehr fanatische oder leichtgläubige Sammler, die Modelle wahllos kaufen, die nur irgendwie limitiert, exklusiv oder selten sind, führen damit, ohne daß sie es beabsichtigen, den Ausverkauf eines interessanten Hobbys herbei. Schade ist's!

Spielerisch in die Zukunft

Doch wir haben ja noch die Kinder, die uns zeigen, wozu Miniaturbaumaschinen, die nicht für Messe- oder Unterrichtszwecke bestimmt sind, gut sein mögen: Das Wühlen in Sandkisten oder in Bauklotz-, Legostein- und Kastanienhaufen bereitet ihnen meist mehr Spaß als manchem versierten Sammler das Betrachten endloser Modellreihen in seinen Regalen und Vitrinen.

Für Kinder und Eltern, die um diesen Quell schöner Freude wissen, liegen wie eh und je (einige wenige) gut geeignete Miniaturbaumaschinen für jedermann erreichbar in den Regalen der Spielzeugläden bereit. Für diejenigen, die den Sandkisten schon ziemlich entwachsen sind, halten außerdem die Hersteller der Werbemodelle, der Baumaschinen-Oldtimer und der Kunststoff- und Weißmetallbausätze ein breites Modellspektrum bereit, das (fast) allen Sammlerwünschen gerecht wird – und dies erfreulicherweise nicht zu horrenden Preisen und in streng limitierten Sammlerauflagen.

Denken wir an all die vielen Miniaturbaumaschinen, ob ferngelenkt, ob von Kindern durch Sandkisten oder von Erwachsenen mit etwas verschämtem, tiefem Brummen über den Schreibtisch geschoben oder in liebevollen Dioramen plaziert, so können wir beruhigt feststellen: Noch tun die meisten kleinen Baumaschinen das, wofür auch ihre großen Vorbilder konzipiert sind – auf Einsätzen aller Art und Größe hart arbeiten (Bild 600). Und vergessen wir dabei nicht, daß die kleinen Maschinisten von heute die Baumaschinenfreunde von morgen sein könnten…

Bild 600: Cat-Radlade 980G und Cat-Mulder kipper 775D von Mattel-Matchbox (beide 1:37; Schaufe Hubarm und Mulde werden batterie-elektrisch bewegt) beim winterlichen Räumeinsatz.

Danksagung

Unsere Zeitreise durch die große Welt der Miniaturbaumaschinen wäre ohne die Mithilfe und Unterstützung vieler Freunde, Firmen und Institutionen nicht möglich gewesen. Modellfotos und Informationen trafen in großen Mengen ein, und die Begrenzung auf „nur“ 600 Bilder machte uns die Auswahl nicht leicht. Deshalb hoffen wir, daß keiner unserer vielen Helfer enttäuscht sein wird, dies oder jenes Bildmotiv, das er bereitwillig zur Verfügung stellte, in diesem Buch nicht zu finden. Nach vorsichtigen Schätzungen dürften rund 8.000 bis 12.000 verschiedene Baumaschinenmodelle existieren – sie alle in einem Buch abzubilden ist schier unmöglich.

Wir sind allen, die beim Zustandekommen des großes Projektes tatkräftig mithalfen, zu tiefem Dank verpflichtet und hoffen inständig, hier niemanden vergessen zu haben: Walter Altmannshofer, Paul Anderson, George Barrett von Sheepscot Scale Products, Günter Beimdieke, Ulf Böge, Robbie Bosch, Kent Bostrom, Eric A. Bracher von Rio Grande Models, Jean-Claude Cassagnole, André-Jacques Chailloux, Patrick Chareyon, Ron Coens, Ray Clifford von Sherwood Model Manufacturing, Peter Dauer, Willi und Wolfgang Derfuss, André Didier, Klaus Dmuschewsky, Jean-Paul Dury, Martin Eberhard, Rien Eegdeman, Markus Fieke, Xavier Gauthier, Udo Genné von Volvo Baumaschinen, Ad Gevers, Georges Gilli, Phil Gowenlock, Peter Grimshaw, dem Autor von „Excavators“, Eric Hadacek, Anton Hanrieder, Peter Happel, Norbert W. Heeg, dem Chefredakteur der „MAZ Modell-Auto Zeitschrift“, Jean-Louis Jagiello, Brigitte Jenner von KHL, Don W. Jensen, Jens Kaminski, Greg Kean, Ron Kentron, Ralf Koch von D&K Modellbau, Michael Kopp, Gino J. Koster, Holdi Langendorf, Horst Langguth, Brandon Lewis, Robert Liu, Craig Maxwell, Klaus Mayr, Pam McLellan von Langley Miniature Models, Peter Meyer, Horst Moch, Jim Moffet von GHQ Models, Rainer Oberdrevermann, Jens Ode, Gunter Pelz von Gunter's Car Company, Josef Pertler, Bob Peterson von Classic Construction Models (CCM), Urs Peyer, Terry Platts von Platypus Industrie, Uwe Püttmann, Sascha Rabensdorf, Nigel Rattray, Roger Renault, Helmut Reschke, Bruce Rolston, Lars von Rosen, Norbert Schmitt, Wilfried Schreiber, Gerhard Schwickert, Kai Specht, Günter Storch, Stephen Taylor, John E. Thiel, John Turney, Gérard Vaisse, Peter Veicht, Jean-Pierre Vexet, Bernd Wager, Hans-Jürgen Wessels, Hans-Peter Weigel von Unicata Modellbau, Karl-Heinz Will, Mike Woof, dem Redakteur von „WME World Mining Equipment“, David Wootton, Richard Yaremko, Alexander Yurcenko sowie dem Deutschen Museum, dem Oberharzer Bergbaumuseum und den Firmen Conrad, Joal, Kibri und NZG.

Heinz-Herbert Cohrs, Francis Pierre

Namens- und Hersteller-Register

ABG 69, 151
ABI 230
AC Williams 34
Acieries du Nord 72
Adams, J.D. 47, 55, 56
Ahlmann 68, 138, 169
AHM 90, 180, 185
Airfix 93
Ajin Precision 185
Åkerman 101, 227, 243
Albaret 117
Allis-Chalmers 34, 42, 55, 59, 60, 63, 82, 83, 84, 89, 98, 127, 143, 217, 250
Altmannshofer, Walter 11, 14, 18, 27, 37, 38, 39, 50, 51, 75, 113, 147, 183, 184, 208, 219, 238
American 37, 216
American Model Builders 50
AMT 156
Anderson, Paul 242
Anguplas 93, 130
Anheuser 220, 221
Animate Toys 45
AR 33, 41, 45
Arcade 33, 34, 41, 42
Ardelt 92
Arnold 26
Arpra 109, 190, 191
Arsani 69
Asahi Toy Manufacturing 54
Ashija 109
Ashiya 19, 195
Athey 141, 178
Atlas 77, 106, 126, 132
Atlas-Copco 196
ATM 13, 29, 51, 52, 76, 77, 79, 109, 113, 115, 116, 117, 169, 171, 250, 251
Aubema 205
Aurora 85
Ausa 237
Austin 38
Austin-Western 56, 57, 59, 60, 65, 71
Autocar 60, 62
Autorussia 225
Aveling & Porter 29, 79
Aveling-Barford 44, 66, 96, 98, 131, 218

Babcock 74, 111
Bachmann 181
Bage 240
Baker 59
Baldwin-Lima-Hamilton 65
Bamford, Joseph Cyril 235
Banner 91
Barber Greene 47, 51, 65
Barnhart, Henry M. 28, 29
Bates 41, 50
Bauer 16
Bay City 85
BEC 210
Beimdieke, Günter 224
Belaz 161, 187, 192, 204, 248
Benbros 44, 65
Bennett, Walter 52, 53
Benoto 125
Berliet 78, 93
Big Bud 177
Big Muskie 15, 112, 252
Bilfinger & Berger 240
Bing 26, 31
Blaw Knox 44, 65, 180, 182
Bobcat 9, 13, 20, 153, 155, 230, 245, 253
Bomag 151
Bourbon 104, 105, 135, 136, 137
Bowman 36
BPR-Cadillon 223
Brami 244, 245
Breitenfeldt, Duane 247
Brekina 75
Brennan, Jim 17
Briel, Adolf von 27
Britains 33, 148
Broyt 76
Bruder 151, 199, 237, 238
Bub 26
Bucyrus International 25
Bucyrus-Erie 15, 16, 17, 19, 36, 51, 52, 112, 114, 118, 122, 141, 144, 162, 163, 200, 202, 204, 206, 252
Buddy »L« 30, 35, 46, 55, 80, 81, 252
Budgie Toys 54, 66
Buffalo Springfield 251
Burt Industries 216

Cadou, Pete 143, 161
Carette 26
Case 20, 21, 41, 98, 103, 127, 151, 152, 194, 196, 197, 201, 230, 235
Case Poclain 20
Cassagnole, Jean-Claude 240
Caterpillar 10, 11, 12, 14, 15, 19, 21, 39, 41, 45, 49, 50, 51, 54, 55, 57, 58, 59, 63, 64, 81, 88, 90, 91, 96, 97, 100, 101, 104, 107, 113, 118, 120, 123, 125, 126, 127, 128, 130, 131, 138, 140, 143, 144, 146, 147, 149, 150, 154, 156, 158, 159, 160, 166, 174, 175, 177, 178, 179, 181, 185, 186, 187, 189, 191, 193, 197, 198, 199, 209, 214, 215, 216, 217, 220, 221, 222, 223, 224, 226, 230, 231, 238, 240, 243, 244, 245, 247, 248, 252, 254
Cedarrapids 58
CEF 109, 136, 169
CFAL 72
Champion 46, 236
Charbens 44, 45, 65
Chareyon, Patrick 210
Chaseside 77, 96
Chelyabinsk 228
CIJ 33
Clark 141, 153, 154, 188, 230
Clark, W.I. 21
Classic Construction Models 11, 12, 19, 36, 50, 53, 114, 217, 228, 231, 232, 250
Cle 98
Cleveland Tractor 44
Clever, Johann 182
Coens, Ron 21, 51, 157, 209, 249
Cohrs, Emmo 165
Coles 65, 103
Comedil 240
Compair-Holman 196
Condon 44
Conrad 11, 31, 50, 67, 104, 108, 135, 136, 138, 140, 146, 147, 150, 158, 164, 166, 173, 176, 186, 188, 189, 190, 193, 197, 219, 220, 223, 225, 230, 231, 252
Continental 72, 104, 131
Corgi Junior 126
Corgi Toys 65, 66, 96, 100, 101, 132, 216
Couvreux 24
Cox 11, 185
Cruver 48
Cursor 70, 103, 138
Curtiss-Wright 98

D&K 12, 147, 219
Dart 78, 99, 170
Deere, John 40, 59, 81, 90, 152, 153, 154, 177, 229, 230, 251
Delmag 102
Demag 69, 70, 97, 112, 172, 182, 183, 205, 222, 224, 232
Dent 41
Denzil Skinner 70, 96, 102
Derfuss, Wolfgang u. Willi 118, 185
Detroit Diesel 156
Deutz 96, 97, 138, 181
Diapet 19, 109, 119, 144, 145, 192, 193, 195, 228, 229
Didier, André 252
Diesel, Rudolf 42
Dinkum 96
Dinky Toys 13, 26, 44, 45, 65, 88, 98, 99, 100, 101, 131, 132, 149
Distler 26
Ditch Witch 229
DJB 140
Dmuschewsky, Klaus 77
Doepke Model Toys 47, 55, 56, 91
Doepke, Charles W. 46, 47, 55
Doepke, Fred 46
Doka 17
Doll 26
Dowst, Charles E. 27, 33
Dresser 129, 202, 221
Drott 60, 197
Dyna 158, 179
Dynapac 191

Eaton 132
Echo Toys 13, 245
Eidai 119, 124
Eisenhower 112
Eko 93, 130
Elfred, F. Stillman 112
Eligor 109, 136, 137
Emek-Muovi 196, 197
Entertec 223
Erie 37, 38, 253

Ertl 57, 58, 59, 81, 82, 83, 109, 110, 128, 129, 152, 153, 156, 157, 177, 189, 197, 214, 215, 216, 228, 229, 240
Ertl, Fred 42, 59
Esco 17, 231
Eska 58, 59
Espewe 92, 93, 98, 218
Euclid 12, 41, 51, 55, 58, 60, 62, 64, 65, 66, 83, 88, 90, 101, 116, 126, 157, 158, 159, 170, 176, 177, 181, 190, 234, 240
Evergreenhill 50
Evert, Larry 143

FAI 236
Falk 26
Faun 67, 95, 97, 102, 138, 230
Fiat 104, 143, 148, 150
Fiat-Allis 104, 142, 143, 162, 236, 237
Fiat-Hitachi 236
Fieke, Markus 16, 183
Fiorentini 67, 70
Flechon, Guy 248
Fleischmann 26
Foden 54, 99
Ford 33
Fordson 37, 38, 42, 44, 77
Fortschritt 204
Frisch 169
Frömelt, Hans 112
Frutiger 229
Fuchs 75, 102, 106, 107, 113, 181
Fun Ho! 14, 127
Furukawa 218

Gaffee 248
Galion 79, 200
Galoob 216
Gama 26, 67, 68, 88, 89, 133, 134, 138, 148, 151, 153, 230, 240
Gauthier, Xavier 226
General 34
General Motors 83, 159
Gescha 31, 67, 68, 104, 108, 138, 140, 141, 142, 146, 150, 152, 160
Gevers, Ad 51
GHH 194
GHQ 9, 222
Gilli, Georges 104
Goethe 25
Goods Wave 193, 228
Goodyear 47
Gottwald 184, 209, 211
Gradall 60, 80, 81, 228, 229
Grimshaw, Peter Thomas 15
Grip Zechin 11, 119, 120, 122
Guisval 14, 127, 235, 236
Günthermann 26
Gunther's Car Company 186

Hamm 184
Hanewacker 219
Hanomag 67, 69, 89, 92, 94, 103, 127, 138, 181, 182
Happel, Peter 246
Harnischfeger 107, 108, 173, 186, 206, 220, 247
Hatra 14, 67, 97, 98
Hauer, Betty 107
Haulpak 63, 82, 83, 122, 135, 154, 160, 165, 202, 213, 221
Hausmann 26
Hausser 200
HCEA 16
Heil 55
Heine, Heinrich 25
Heller 155
Hendrix 231
Henschel 39, 68, 94, 181
Herrle, Karl 18
Hess 26
Hilpert 26
Hiram Construction 228, 229
Hitachi 86, 87, 119, 122, 125, 126, 147, 239
Holland Loader 110, 240
Holt 12, 38, 39
Honda 10
Hornby, Frank 26, 32, 33, 42, 44
Hough 13, 55, 87, 118, 129
Huber 33, 42
Huber-Warco 186
Hubley 30, 33, 34, 42, 63
Huisman Itrec 247
Humbrol 155
Husky 96, 126
Hydrema 224

IHC (International Hobby Corp.) 28, 185
Impy 64, 65
Insley 52, 115
International 41, 55, 51, 54, 56, 59, 60, 76, 81, 82, 85, 88, 96, 102, 110, 118, 122, 128, 129, 133, 142, 143, 152, 153, 154, 156, 157, 176
International Machinery Corp. (IMC) 245
Intex 179
Iowa Manufacturing 58
Irwin 33
Isaacson 50
Issmayer 26

Jaeger 47
JCB 93, 96, 132, 134, 148, 149, 151, 194, 212, 235, 237, 250
Joal 109, 143, 178, 187, 190, 214, 235, 243
Johillco 33
Jones 101, 157
Jordan 37, 39
Joy Toy 131

Kaelble 68, 72, 92, 102, 131, 181, 182, 203, 218, 219, 244, 245, 253
Kai Yip 176
Kaim, Peter 170, 209
Kaiser 167
Kaku 88, 90
Kaminski, Jens 243
Kato 125
Kelmet 36
Kempal 115, 250
Kent 231, 250
Kenton 33, 34, 42
Kentron, Ron 51
Keystone 35, 36
Kibri 27, 114, 129, 176, 182, 183, 184, 218, 220, 240
Kindler & Briel 129, 182
Kindler, Wilhelm 27
King of the toys 86, 87
King Star 109
Kingsbury 32
Kingstar 228, 229
Klaus 95
Klint, Bernard C. 55
Klint, David Nyberg 55
Kobelco 19, 195, 237
Kockums 190
Koehring 35
Kohnstam, Moses 26, 32, 45
Komatsu 14, 118, 120, 122, 123, 125, 129, 144, 179, 192, 213, 218, 229, 216, 235, 236
Komatsu Dresser Corp. 221
Kopp, Michael 134
Kramer 235
Kraus 26
Kress 162, 208
Kretschmer, Frank 243
KRØLL 207
Krupp 67, 69, 76, 92, 131, 220, 227

Landsverk 69
Langendorf, Holdi 156, 157
Langguth, Horst 90
Langley Miniature Models 51, 52, 76, 114, 222
Lännen 196
Lanz 90
Lectra Haul 165, 219, 221
Lee Wayne Co. 230
Lego 15, 199, 254
Lehmann 26
LeMaster, Dick 36
Lemeco 45
Lesney Products 45, 64, 97, 98, 127
LeTourneau 50, 51, 54, 55, 56, 57, 111, 113, 164, 209, 242
LeTourneau, R.G. 36, 48, 49
LeTourneau-Westinghouse 63, 82, 83
Levy 26
Lewis, Brandon 103, 159
Leyla 131
LGB 200
Liebherr 134, 136, 137, 174, 176, 181, 183, 184, 188, 189, 199, 215, 225, 226, 243, 14, 95, 97, 108, 116, 244
Lima 60, 65, 141
Lincoln 68
Lincoln Specialties Ltd. 46
Lindberg 154, 155
Lindeman 251
Linemar 87
Lines Bros. 44, 45, 48, 66, 88, 100, 101
Link-Belt 115
Linnhoff 97

Lintorf 107
Lionel 83, 84
Lit'l Toy 62, 85, 88
LMG 73
Lone Star 65
Lorain 58, 60
Lundahl, Arthur B. 35

Mack 33, 34, 37, 39, 41, 42, 80, 96, 159
Macmoter 187
MadMax 120
Magirus 75
Majorette 126, 127, 174, 175, 215, 216
Mangold, Georg Adam 26, 67
Manitowoc 232
Mantova Modelli 169, 250
Marion 13, 17, 18, 28, 29, 53, 74, 110, 111, 161, 232, 234
Märklin 31, 32, 33, 101, 102
Marks 181
Marx 34
Massey-Ferguson 138
Massey-Harris 58, 68
Matchbox 12, 14, 32, 45, 64, 65, 78, 79, 96, 97, 98, 99, 108, 126, 127, 128, 131, 145, 148, 215, 216, 254
Mattel 98, 128, 215, 216, 217, 254
MAZ 71, 73
McCormick-Deering 41
McElwee, Neil 55
McKenzie Iron & Steel 37, 222
Meccano 15, 26, 32, 33, 42, 44, 65, 149, 212
Mechanitrec 206
Melroe 20, 153, 154, 230, 245, 253
Menck & Hambrock 14, 19, 67, 69, 75, 77, 106, 110, 114, 134, 181, 210, 239
Menzi 208
Mercedes 95
Mercury 11, 59, 60, 62, 67, 70, 88, 93
Mettoy Playcraft 65
Meyer, Peter 210
Michigan 13, 20, 56, 60, 62, 70, 90, 99, 102, 118, 124, 134, 152, 154, 188
Micro Machines 213
Microlink 109, 226, 227
Mini-Auto 104, 107
Mini Dinky 62, 88
Minimac 11, 109, 186
Mini-Power 122
Minsker Automobilwerke 71
Mitsubishi 19, 123, 125, 148, 193
MoAZ 161
Moch, Horst 74, 75, 241, 242
Modell- und Plastspielwarenkombinat 92
Modelling UI 109, 228
Moko 32, 45, 65
Moline Pressed Steel Co. 30
Mollers, Johs 71
Monarch 34
Monighan 52, 53
Morestone 66
Morris & Stone 66
Moto-Crane 60
Moxy 226
MPC 83
Muir Hill 44, 64, 65, 70, 96, 97
Mustang 153
MZZ 181, 182

Nacoral 196
Nerco 173
Nestor Marine 29, 250, 187
New Bright 174, 175, 198, 199
New Clover 229, 253
Nissan 87, 122, 195
Nissha 229
Nobas 93, 211
Noralpe 72
Nordest 71, 248
Nordströms 218
Norev 130, 131
Nylint 13, 55, 56, 57
NZG 50, 104, 106, 107, 138, 140, 141, 142, 146, 147, 148, 150, 151, 152, 189, 190, 197, 220, 223, 224, 226, 229, 230, 231, 235, 243, 252, 253

O&K 9, 16, 73, 76, 88, 90, 106, 107, 108, 109, 111, 118, 147, 138, 170, 171, 182, 184, 185, 199, 209, 210, 215, 225, 228, 230, 241, 247, 253, 254
O&O Minitech 217
Oberharzer Bergwerksmuseum 25
Oldcars 109, 142, 143, 226
Onions 70
Orwell 172
Overdijk 217
Overland Models 113, 185
Owatonna 153

P&H 11, 15, 40, 41, 83, 84, 88, 107, 108, 109, 118, 124, 147, 164, 173, 174, 186, 206, 212, 219, 242, 247
Pascoe, Boris 212
Paurat 207
Payhauler 218
Pee Wee Motors 64
Peebles, John J. 37
Peiner 146
Pel-Job 238
Peltzer & Peltzer 46
Perlini 93, 127, 151, 215
Pertler, Josef 148, 209
Pettibone 201
Pettibone Mulliken 56
Peyer, Urs 13
Pingon 169
Pinguely 42
Plank 26
Plasticart 93
Platypus Industrie 232, 234
Play Trucks 131
Playcraft Toys 65
Poclain 76, 104, 105, 118, 122, 127, 136, 165, 169, 175, 216, 246
Polistil 151
Politoys 14, 95
Potain 15, 136, 137
Precision Pewter Craft 200, 201
Preiser 176, 177, 199, 200, 202, 221
Priestman 100, 101, 180
Product Miniature Corp. 59
Progress 69
Püttmann, Uwe 14
PWH 207

R.W.-Ziss 104, 107, 108
Rail-Toy-Museum 31
Randon 218
Ransomes & Rapier 32, 45
Rapier 48, 52, 53, 206
RayGo 216
Reich 75, 116, 117
Remco 177, 197, 198
Renault, Roger 76
Renner 70
Reschke, Helmut 167, 245, 211
Reserve Mining 12
Reuhl Products Inc. 57, 58
Reul, Andy 48, 57, 58
Revell 63, 181, 182
Rex 90
Rheinmuseum Koblenz 24
Richard 104
Richier 19, 49, 71, 72, 131
Riecke, Gilson 250, 251
Rio Grande Models 12, 28, 38, 39, 50
Road Champs 179
Robuster 94
Roco 11, 91, 130
Ros 21, 236
Rosen, Lars von 248
Rosenkranz 168
Roskopf 65
Rossi 143
Ruston 32
Ruston Bucyrus 52, 64, 66, 99, 100, 114, 130, 180, 204, 205
RW-Modelle 107

Sambron 104, 136
Samsung 228, 229
Sankyo Mokei 87
Scalecast 51
Scenery Unlimited 85, 217
Schaeff 151, 187
Scheuerle 184
Schiltz, Jim 161
Schmid, Gerhard 107
Schmid, Ludwig 108
Schmid, Max 108
Schmitt, Norbert 114
Schoennern 26
Schofield, W.D. 32
Schreiber, Wilfried 75, 95, 102, 116, 117, 146, 167, 188, 240
Schreyer & Co. 26
Schuco 26, 65, 96, 97, 230

Scoop 109, 226, 227
Scoopmobile 155
Sheepscot Scale Products 28, 37, 52
Sherwood Model Manufacturing 50
Shin Caterpillar Mitsubishi 193
Shinsei 109, 118, 119, 122, 123, 124, 125, 126, 144, 145, 147, 178, 193, 217, 223, 228
Sieper 95, 184
Sieper, Richard 67
Sijam 109, 144
Siku 66, 67, 75, 76, 93, 94, 101, 116, 133, 134, 150, 174, 184, 214, 215, 239
Simap 149
Skybird 33
Skytrex 180
Smith, Leslie 45
Smith, Rodney 45
Solido 33, 133, 136
Sparrows 103
Spec Cast 201, 230
Specht, Kai 241
Spezialprägewerk Annaberg-Buchholz 92
SPM 218
Spot-On 45, 66, 88, 101
Stahl, Johann Ludwig 26
Steelcraft 36
Steiff 68
Stewart 157
Storch, Günter 239
Strenco 67, 68, 70, 108, 140, 225
Streng, Ludwig 108
Stroikaryermash 248
Strojexport 148
Structo 46, 56, 57
Sturditoy 36
Sumitomo 228
Supermini 190, 191

Tadano 145, 179
Takraf 161
Tamrock 193, 221
Tamya 173
Taylor Machine Works 247
Taylor, Stephen 14, 168, 211, 244
TCM 124
Tekno 101
Terex 12, 64, 83, 124, 125, 141, 142, 143, 157, 158, 159, 161, 170, 171, 179, 189, 215, 218
Thew Shovel Co. 58
Thiels, Dietmar 240
Tingsgarden 203
Tipp 26
Tomica 109, 118, 119, 120, 122, 123, 129, 144, 145, 179, 193, 216, 228
Tonka 153, 154
Tootsie Toys 27, 33, 34, 41, 42, 63
Top Models 78
Topcon 248
Torrington 154
Toyota 119
Toys for Collectors 253
Tramo 187
Treewater 236
Trenary, Pete 163
T-Reproductions 252
Tri-Ang 44, 48, 66, 88
Trix 33
Truck Miniature 232, 234
Tudor Rose 65

Umex 90, 91, 130, 180, 181
Underwood Engineering 127
Unicata 113, 215, 232, 250
Unimax 71
Unit 19, 47, 91
Unit Rig 165, 170, 219, 221
Universal 39, 62
Uralmasch 73, 204

Valley Patterns 238
Van Seumeren 247
Varney 63
VCON 131, 162, 163, 164, 166, 170
Veere 24
Veicht, Peter 76, 116, 167
Vender 72
Venieri 203
Veron, Joseph 130
Vexet, Jean-Pierre 15
Vickers 70, 71
Victory 70, 102, 103
Vindex 40, 41
Vintage Vehicles 37
Virus 169
VME 187, 190
Völker 237
Volkswagen 103
Volvo BM 16, 133, 136, 144, 174, 190, 196, 203, 246
Volvo Construction Equipment 187, 226, 227, 236, 243
Voreaux, Christian 165

Wabco 36, 82, 83, 122, 135, 153, 154, 155, 160, 165, 170
Wader 69
Wager, Bernd 243
Wakefield 95
Ward-Leonard 52
Warner & Swasey 60, 80, 81
Watt, James 25
Weatherill 97
Wedico 244
Wehr 37
Weigel, Hans-Peter 169, 215
Weimar 93, 224
Weinert 39, 75
Wells, Jeffrey 205
Weserhütte 106, 107, 207, 209
Wessels, Hans-Jürgen 10, 246
Western 12, 66
White Motor Co. 62
Whitlock 96, 106
Wiking 46, 65, 66, 67, 69, 91, 92, 103, 184, 219, 220
Wilford 38, 49
Will, Karl-Heinz 244
Williams 34
Wilson Models 196, 232
Wimmer, Victor 242
Winross 109, 143
Wirtgen 230
Wiseda 225, 226
Wittek 107
Woodland Scenics 11, 51, 52, 158
Wooldridge 46, 47, 72, 91, 98
Wootton, David 53, 206
World Zechin 120

Yale 132
Yonezawa Toys 144, 145, 193
Yumbo 118, 128, 133, 148, 197
Yutani 122

Zabaglia, Nicola 23
Zeppelin Baumaschinen 187, 220, 230
Zettelmeyer 67, 68, 88, 92, 102, 174, 189, 246
Zon Models 222
ZTS 148, 149, 194
Zylmex 11, 179

Quellen- und Literaturhinweis / Bildnachweis

Bertrand Azéma „Solido catalogue d'un univers"
Bertrand Azéma und Jacques Greilsamer „Catalogue Mondial des Modèles Réduits Automobiles"
Margot Brauch und Albrecht Bangert „Jouets mécaniques anciens"
Matthias Braun „Modellauto-Katalog Siku"
Raymond E. Crilley Sr. und Charles E. Burkholder „Collecting Model Farm Toys of the World"
Raymond E. Crilley Sr. und Charles E. Burkholder „International Directory of Model Farm Tractors and Implements"
Dr. Edward Force „Classic Miniature Vehicles Made in Germany"
Dr. Edward Force „Corgi Toys"
Cecil Gibson „History of British Dinky Toys"
Cecil Gibson „Commercial Vehicles"
Heinz-Hartmut Graf „Die Welt der H0-Modelle" (Sonderheft 10 der „MAZ Modell-Auto-Zeitschrift")
Louis H. Hertz „Building and Collecting Model Automobiles"
Allan C. Hoover „Reuhl"
Dorte Johansen und Hans Hedegård „Tekno - Danske modelbiler"
Neil McElwee „Collector Guide Doepke"
Neil McElwee „Collector Guide Ny-lint"
Neil McElwee „Collector Guide Postwar Buddy-L"
Noboru Nakajima „Model Cars of the World"
Wilfried Raschke u. Manfred Weise „Siku-Sammlerkatalog 1991"
Sue Richardson „Minic - Lines Bros. Tinplate Vehicles"
Jean-Michel Roulet „Histoire des Dinky Toys Francais"
Friedrich Salzmann und Christian Väterlein „100 Jahre Kibri"
Tony Stanford „Dinky Toys 1941-1950"
Graham Thompson „Spot-On Diecast Models by Tri-ang"
Paul Weill und Jean-Raoul Chaigné „Histoire des Jouets Citroën"
James Wieland und Dr. Edward Force „Tootsietoys
Periodika „Equipment Echoes", „Mobile Machine Model Magazine (4M)", „The Construction Toy Newsletter", „Toy Trucker & Contractor"

Bildnachweis

Altmannshofer: 6, 10, 16, 32, 33, 52, 76, 80–83,110, 118, 162, 202, 302, 373, 448, 449, 455, 503, 525, 528, 569; Anderson: 576; ATM: 210, 212, 310, 311, 594, 595; Beimdieke: 541; Bosch: 172, 177, 183, 187, 235, 276, 280, 389, 492, 494; Bucyrus-Erie: 30, 74, 126, 300, 301, 410, 411; Case Poclain: 38, 287; Caterpillar: 42; CCM: 7; Chareyon: 507; Classic Construction Models: 556; Coens: 41, 119, 395, 504, 591; Cohrs: 2, 112, 143, 178, 390, 392, 403, 404, 407, 412, 413, 416, 417, 419, 502, 600; Derfuss: 316, 451; Deutsches Museum: 22, 46–48; Dmuschewsky: 209; Dury: 226, 228, 369; Eegdeman: 188; Fiatallis: 409; Fieke: 26–28, 447; Gevers: 117, 367; Gilli: 102, 104, 141, 195, 285; Gowenlock: 105, 115; Grimshaw: 19; Hammerich: 500; Happel: 585; Harnischfeger Corp. 429; Holland Loader: 296; Jensen: 69; Kaelble: 493, 584; Kaminski: 17, 578, 580; Kean: 378; Kempal: 309; Kent Models: 593; Kibri: 450; Kopp: 349; Koster: 524, 572; Kress: 408; Kroll: 501; Krupp Fördertechnik: 196, 298; Langendorf: 393, 394; Langguth: 167, 238; Langley Miniature Models: 207, 307; Lesney Products: 213; Lewis: 23, 146, 279, 399, 490, 549, 568; Mannesmann Demag: 44, 428, 497; Marion: 31, 295; Maxwell: 68; Meyer: 508; Moch: 200; Oberdrevermann: 73; Oberharzer Bergbaumuseum: 50; Orenstein & Koppel: 25, 587; Pertler: 236, 374, 505, 506; Peterson: 71, 84, 103; Pierre: 13, 24, 45, 49, 72, 106–108, 192, 415, 588; Platypus Industrie: 558; Rabensdorf: 577; Rail-Toy-Museum: 59, 60; Rapier: 498; Reschke: 420, 509, 582; Rheinbraun: 446; Rio Grande Models: 78, 79; von Rosen: 592; Ruston Bucyrus: 496; Schmitt: 306; Schreiber: 163, 170, 201, 252, 260, 275, 305, 312–314, 354, 371, 421, 460, 530, 539, 571; Sheepscot Scale Products: 54, 77, 122; Specht: 574; Storch: 570; Stroikaryermash: 590; Taylor: 18, 422, 510, 581; Terex: 406; Trenary: 414; Turney: 166, 363; Unicata: 516, 557; Vaisse: 308, 426; Veicht: 203; Vexet: 20; Volvo Baumaschinen: 457, 586; Wager: 579; Weigel: 424; Wootton: 125, 499; Yaremko: 97; Yurcenko: 197; Zon Models: 537; übrige: Archive AIPETHOAC, Cohrs, Oberdrevermann, Pierre und ungenannte Sammler

Die Verfasser können keine Liefernachweise für die im Buch erwähnten und abgebildeten Modelle geben und bitten daher von diesbezüglichen Anfragen abzusehen. Aus Gründen des Datenschutzes dürfen Anschriften von Sammlern und Modellbauern nicht weitergegeben werden, so daß Anfragen dieser Art nicht beantwortet werden können.